草廬經略

《草廬經略》

中國兵學大系

【10】

李浴日◎選輯

草廬經畧卷一之目

拊循

軍刑

軍賞

草廬經畧卷一

無名氏撰

操練

從古國家巨弊莫巨乎平時武備廢弛卒聞有警招募而卽使之戰也孔子曰以不教民戰是謂棄之夫不教之民盡市民也卽韓淮陰之出奇豈驅市人而戰乎予謂操練不可不講也然觀今時操練雖窮年無益於事旂幟雖有不諳指揮金鼓雖有不曉進退器械雖有不堪攻擊部陣雖有不識奇正士卒雖有不汰老弱手足雖有不習技藝將帥雖有不精兵機惟竊操練之名模

傚故事而分立而奔走而喊譟有同兒戲將官據高案而視之亦不知何以趨蹌如斯殊可歎也夫操練之法在上選器械教師咸備三令五申驅而用之必能臨陣殺賊爲國報効第操之云者非止操步陣也操其技藝使之精熟操其耳目使之不驚操其心志使之不亂操其膽氣使之外不畏敵內不愛身故萬人可操百人可操雖數人亦可操必使弱士可爲賁諸百人可當萬衆此操之最上也夫善操之將卽善戰之將三軍平素愛如父母畏如神明上下之情相通兵將之法相習故可

與蹈湯火可以赴深谿矣然而國有此臣善將將者便當諒其心跡責其後效假令謗議心疑息壤易信操之一人用之又一人兵不識將將未必賢臨事易將兵家之忌也久任成功其昔人所貴乎

操之之法操器甲習攻擊尙矣而所謂操其膽氣心志者古之人嘗試之昔者闔閭試其民於五湖劒刃入肩流血被體民不懼而後用之句踐試其民於寢處民爭入水火死者千餘遽擊金而退之此豈好死而惡生哉鼓舞振作之效也

國初兩淮郡縣多爲張士誠所據高皇帝欲取之乃命鎮撫居民率將士分隊習戰勝者賞銀十兩其傷而不退者亦勇敢賞銀有差且徧給酒饌勞之仍賜傷者醫藥因諭之曰兵不素持必至血指舟不素操必至傾溺弓馬不素習而欲攻戰未有不敗者吾故擇汝等練之今汝等勇健若此臨敵何憂不克爵賞富貴惟有功者得之顧謂起居注詹同曰兵不貴多而貴精兵而不精徒累行陣近聞募兵多冗濫者故特爲戒之冀得精銳庶幾有用也

鼓舞之道固難悉數而貴勇賤怯尤屬先圖誠於勇鷙絕倫之士貴而愛之禮而重之恩出異常事經破格當者思奮鬪者景附古人式怒蛙而勇士至齊桓引車避螳螂以其似勇士而禮之夫其似者猶且禮遇故南征鋒不留行焉夫鼓舞士卒不愛其身而能殺敵者以其所好易其所惡堅其所好也

武侯兵要曰短者持矛戟長者持弓弩強者持旌旂勇者持金鼓弱者給廝役智者為謀主器械鋒銳甲冑堅密則人輕其戰進者賞退有刑行以信進不可

當退不可追雖絕成陣雖敗成行其衆可合而不可離也

丁壯

兵法曰兵無選鋒曰北所謂選者選其人於未教之先而教之再選其人於既教之後而用之以材力雄健者爲衆兵仍於衆兵之中選其武勇超羣一可當百者爲選鋒所謂先登陷陣勢如風雨全恃此輩也善乎周世宗曰兵務精不務多農夫百不能養甲士一奈何取民之膏血養此無用之物乎且健怯不分衆何所懲乎於

是大簡諸軍其士卒精強每戰必勝此選於既教之後者也未教時之所選者或以武藝或以強力或以膽氣或以雄貌須用鄉野壯人無取市井遊猾蓋野人力作而性樸力作則素習勤勞性樸則畏法奉令易以誠信感之恩愛聯之不難就我彀中而不測我顛倒之術市井遊猾不習勤劬不畏法度其在軍中巧爲規避潛倡邪說引誘羣輩故不宜用然市井中果有武藝精熟膂力軼衆膽勇過人者又不在此論在收用之得其術耳

國初立領民萬戶府諭中書省臣曰古者寓兵於農

有事則戰無事則耕暇則講武今兵爭之際當因時制宜所定郡縣民間豈無武勇之材其精加簡拔編緝行伍立民兵萬戶府領之俾農時則耕暇則練習有事則用之事平有功者一體陞擢無功令還爲民如此則民無坐食之弊國無不練之兵以戰則勝以守則固庶幾寓兵於農之意也此選於未發之先者也

馬隆討樹機能募兵限腰引弩三十六鈞弓四鈞立標簡試得三千五百人遂西渡溫水斬樹機能等

秦王世民選精銳千騎皆皁衣元甲分爲左右使秦叔寶程知節翟長孫尉遲敬德將之每戰自披元甲率之以爲前鋒所向摧敵杜伏威常選敢死之士五千人謂之上募寵遇甚厚有攻戰令先擊之戰罷閱視有傷在背者謂爲退怯所致即殺之所獲貲財皆以賞士故人自爲戰所向無敵如安祿山之曳落河韓世忠之背嵬軍此皆技其尤選於旣敎之後者也

精器械

方今各衛軍器無論朽鈍不堪亦已強半不備宜妙選良工大開爐冶極其精利以物試之不如法者懲之即令改造閱器之法躬親細驗毋旁委他人毋信手抽閱任非其人則見欺十覩一二則遺漏於是工匠皆以苟且塞責耳士雖執器安能取勝以卒予敵古人所忌至若火器古惟火箭火砲迨我天朝可稱大備蓋陸續得之南中諸番而時創以已意也竊以為神機之營不必仍前祕其法須令郡縣廣其傳而私鑄私藏嚴法禁革然火器易發難裝臨陣常竭敵乘我之竭而衝突便至

不支須廣造毒弩勁弓機石互換迭出而火器仍旋裝旋用庶無竭之患矣

桓公問管仲曰夫軍令則寄諸內政矣齊國寡甲兵爲之若何管子對曰輕罪而移諸甲兵桓公曰爲之若何仲曰制重罪贖以犀甲一戟輕罪贖以鞼盾一戟小罪贖以金分宥閒罪索訟者三禁而不上下坐成以束矢美金以鑄劒戟試諸狗馬惡金以鑄鉏夷斤斸試諸壤土甲兵大足

夏主勃勃之臣阿利性巧而忍每程較器甲工必有

死者射甲不入斬其弓人入則斬其甲匠勃勃以爲忠而任之由是器械精嚴近代無比

夫管子罰罪人爲甲器雖至今行焉可也阿利之忍固不可師而閱器之嚴試器之法畧當倣此

習技藝

今日之操練不教諸軍以技藝而第敎以陣法已非矣況所謂陣者又沿習久而易訛卽使盡善而無技藝猶金弓玉矢不可得而用也一十八般武藝人雖不能全習亦當熟其一二而弓弩槍刀則人人不可無又人人

不可不熟教之者第無務用花法耳蓋花法進退回旋止可飾觀而與敵相對務宜前進稍爾回轉敵必乘之勝負之機於茲決矣故但當教以臨陣正法使之精熟蓋臨陣對敵非若暇豫從容白刃交前存亡繫念心手張皇成法易忘藝雖夙勝到此能用其半亦足以制敵矣倘從前生疎角刃之際必將一技不施安望執馘獻俘也哉是以教習之欲精也一人教十十人教百百人教千千人教萬時時按閱評第高下優者賞之劣者罰之令在必行斷無寬宥罰者不惟罰其本軍且罰及其

教師賞者不惟賞其本軍亦賞及其教師上專於此日務其事日務其事庶人心鼓舞武藝嫻熟三年之後定爲精卒

李抱眞之鎭澤潞也策山東有變上黨爲兵衝而大亂之後賦重人困軍伍彫刓乃籍戶三十而稅一令閒月得曹耦習射歲大校親按籍第其能否賞責比三年皆精由是澤潞步兵爲諸路最

种世衡之鎭環慶也常課吏民射有過失者射中則釋有訟某事者輒因中否而予奪之人人自勵皆精

於射由是數年敵不敢近

夫弓弩鳥鎗中多者賞中少者罰人所易知而槍筅鈀釵刀牌皆各有較之之法說備於戚繼光紀効新書其較長鎗先單鎗試其手法步法身法進退之法又二鎗對試其真正交鋒復以二十步立木把一面高五尺上分喉目心腰足五孔各安一寸木毬在內每人執鎗於二十步外聽擂鼓擊鎗作勢飛身向前截去孔內圓木懸於鎗尖上如此遍五孔內乃止一試狼筅先令自使看其身手步法用鎗對較凡長

鎗哄誘不動又能遮隔不入爲熟
一試鈀釵先令自使看其身手步法復以長鎗短刀對較能架隔長鎗刀棍翼狠筅出入殺人爲熟
一試刀以能衝鈀釵狠筅不及遮隔爲熟
一試挨牌令與長鎗對較任長鎗上下左右殺來牌隨敵應之不能及身爲熟
一試藤牌先令自舞試其遮蔽活動之法務要藏身不見及雖閉藏而目猶視敵又能管脚下爲妙次以標鎗一枝近敵標去乘彼顧搖便抽刀殺進使人不

及反身爲精

一試標鎗立銀錢三箇於三十步內命或上或中或下標中不差爲妙

以上諸藝各試其優劣分上中下三等上賞下罰中無及焉練初賞罰稍寬令人易企習熟則嚴無假借也

教部陣

昔人有言善師者不陣善陣者不戰若區區依古陣法以求勝愚將也夫陣亦何常之有而可拘泥爲哉八陣

六花以前雖可考而俱不能用五行陣今雖可用而亦不可拘鵞鸛奇正皆備而迭進迭退使力不乏而敵難乘此其宜於今者也大都陳師於野部陣要整肅隊伍要分明毋諠譁毋越次毋參差不齊毋自行自止或縱或橫使目視旌旂之變耳聽金鼓之聲手工擊刺之方足習步趨之法能圓而方能坐而起能行而止能左而右能分而合能結而解每變皆熟而陣法於是乎在矣

嘗按古史有云孫吳善談兵而不言陣何也或曰孫子之紛紛紜紜鬥亂而不可亂渾渾沌沌形圓而不

可敗吳子之圓方坐起數語皆言陣也第孫吳之所謂陣者不泥法而法自在非如今人侈談古陣膠柱鼓瑟也

張睢陽行兵不依古法教戰陣令本部各以意教之或問其故睢陽曰今與賊戰雲集鳥散變態不恆數武之閒勢有同異臨敵應卒在於呼吸之閒而動詢大將勢不相及非知兵之變者也故吾使兵識將意將識士情投之所往如臂使指兵將相習人自爲戰不亦可乎睢陽之說在分戰則可蓋睢陽之用兵多

分戰也

五行陣按金木水火土假令寇處高隆我兵居下仰而攻之不便進退利於防禦宜先爲不可勝以俟之則直陣可也此以虞待不虞之道其陣爲木

假令敵居其下我處高陽俯而臨之勢可衝突利以進兵宜乘人之不及而攻之則銳陣可也此進而不可禦之道其陣爲火

假令地勢險阻跨斜岡便無堅守之策乎吾爲圓陣焉俾敵不知所攻其陣爲金

假令我兵處高廣平四達得無晉剿之策乎吾爲方陣焉俾敵不知所守其陣爲土

假令與敵相對左右勢高可以吞敵吾爲曲陣而擊之所謂先奪其所愛也其陣爲水五者之用各因地形是謂五行陣也

戚繼光鴛鴦陣嘗自謂殺賊必勝而屢效者其法二人執刀牌平列狼筅各跟一牌以防挐牌人後列長鎗每二枝各管一牌筅在牌後緊隨殺賊短兵一枝在長鎗後以防長鎗進老了卽便殺上交鋒時刀牌

手低頭前進如聞鼓聲而遲疑不進者即以軍法斬首其餘兵仗緊緊相隨而從刀牌之後大抵筅以救牌長鎗救筅短兵救長鎗以殺為務退後者斬前隊戰酣後隊即進輪流更換庶兵力不衰而可以制敵之疲精騎相機衝擊遊弩以時往來諸般火器先陣俱發俟兩陣交後仍於陣後裝藥以備再用

十人為隊隊長領之四隊為哨哨長領之四哨為官哨官領之四官為營營有將帥五營為一大營大將領之以正兵合戰以奇兵取勝此其大較也兵多則

依法而漸加之可以數萬可以數十萬此步陣也車騎之陣雖自不同統宜整肅而布列之法詳見六韜大抵車以密固徒以坐困甲以重固兵以輕勝騎以捷勝此常理也車步騎三者皆備則有戰隊騎隊之分戰隊步騎相半騎隊兼車乘而出也亦有純用步者雖各因其所長亦各隨其地利惟車不可以獨用須以步騎佐之圓而應之存乎其人

凡爲戰陣先立家計家計旣固則可以勝不可以敗否則一敗卽潰不可復支故大將總統萬眾列陣向

敵須分兵先立老營固壁壘備炊爨其正陣或用井田或用五行或用鵞鸛或不拘於此隨意整列俱宜分兩翼以待戰兩翼者分敵之勢也中陣以精兵衝突餘爲揚奇備伏以佐之揚者挑戰之兵即選鋒也奇用以出奇制勝伏用以襲其兩旁備則設伏於後以備不虞斯家計固密矣井田大陣非眾多不可敵境平廣我欲深入則此陣極爲堅固而有節制者輜重糧食悉處中軍可免侵掠是爲行陣即握奇也其陣形體即方陣但方陣不必列而爲八開方爲九也

李嗣源謂莊宗曰此去大梁至近前無山險方陣橫行晝夜兼程信宿可至太公之四武陣者其方陣乎四武陣即四武衛陣也

訓將

世之論兵者以為不必用古法也夫霍去病張睢陽皆未嘗倣古而亦未嘗不合古法彼其天資甚高心多靈變故能自踐懸合兵機而豈可論於恆人哉自古未有無方之醫斯無不依古法之兵第合法而不膠於法可也倘以古法為可廢則節制之師何從而有所貴在無

事之時集世將之子及武勇出羣之人敎之古名將用兵之術務精求其義必可試之當事而不窘於應變非徒誦其空文而已萬一有警出其所知以應事機指揮操縱料敵設奇持重老成才猷練達雖疇昔未臨戰陣而宿將有所不及何患夫無將才也嘗觀今日之將官其下者目不識一丁而其上者工詩作賦坐消壯氣或習武場論策拾人唾餘以博一第其於兵家要義終身不學絶口不談卽有談兵者出於其間反爲楚咻雖文藻翩然議論有餘究其實用終無一效脫遇緩急心驚

意怖縮首牖下於敵愾何益哉

項籍平時嘗學書不成乃學劍又不成項梁怒之籍曰書足以記姓名而已劍一人敵不須學當學萬人敵梁乃教籍兵法

尹洙與狄青談兵善之薦於韓琦范仲淹曰此良將材也二人待之甚厚仲淹授以左氏春秋且曰將不知古今匹夫勇耳由是折節讀書悉通秦漢以來將帥兵法

太祖嘗朝罷坐東閣召諸武臣而問曰卿等退朝之

暇所務者何事所接者何人亦嘗親近儒生乎往往戰陣之閒提兵禦敵以勇敢爲先以戰鬬爲能以必勝爲功今閒居無事勇力無所施當與儒生講求古名將成功立業之故事君有道持身有禮謙恭不伐能保全功名者何人驕奢淫佚不法不能保全終始者何人常以爲鑒擇其善者而從之可與古名將並矣

忠義

操練之法既行是有兵而有將矣第將非忠義何以爲

立功建績之本而使三軍感動興起乎雖忠肝義膽天植其性臣子應當自盡原非為鼓舞人心計而軍心之向背趨舍事業之成虧興廢實由此焉此裏一定斷不同移有時勳業光天壤於素志固愜卽身與時屯心隨力盡亦足灑此一腔熱血稍報君恩倘圖身念重徇國心輕受人之任孤人之托卽萬年以下猶令人唾罵矣

諸葛武侯之輔蜀七擒孟獲六出祁山食少事煩流汗終日嘗曰鞠躬盡瘁死而後已至於成敗利鈍非臣之明所能逆覩也是以崛強漢中三分鼎足

郭汾陽之復興唐祚也櫛風沐雨先復二京單騎講
好身爲虜餌魚朝恩等讒間百端詔書一紙徵之無
不卽日就道此兩人者皆仗忠義以立功者也
張睢陽之禦尹子期也每與賊戰眥裂齒碎羅雀捕
鼠九死一生身死之日猶云生不能報國死當爲厲
鬼以殺賊而人倫天道之言尤分晰曉暢
岳武穆之圖恢復也長驅京洛志飲黃龍身死權奸
赤心報國字入膚理而機關不露雲垂地心鏡無虧
月在天兩語至今猶令人氣壯此兩人者抱忠義而

殉死者也成敗雖殊凜有生氣九原可作願爲執鞭

任賢

一賢可退千里之敵一士強於十萬之師誰謂任賢而非軍中之首務也天生賢才自足供一代之用不患世無人而患不知人不患不知人而患知之而不能用知而不善用之與無人等知人者先詢其言漸任以事若以爲能言者未必能行而遂棄之也則不能言者未必能行是惟在聽其言而觀其行耳夫磊落奇偉之英得試其才其作用自別凡流大試則大效小試則小效非

碌碌無足見長者也第碔砆亂玉令人易眩倘輕信其浮誇之詞而遽試之於臨敵此房琯之所以誤唐而劉秩之所以誤琯故大任未投先授之事其號令果明肅也其器械果精利也其治事馭衆果嚴整得法也其三軍之心果愛且畏也同舌而稱之無心非而巷議也若是者賢矣萬一謗言入耳未可遂以爲非蓋認眞立事之人必不便於人之私而爲人所憎必默而聽之徐而索之其眞與僞自昭也眞則不妨屏棄浮言僞則顯罪言者以謝過則賢士益勵宵人結舌故袁紹非曹操之

敵以袁聽信讒言而曹毀譽不行也大抵拔擢匹夫事出非常不可以常情窺亦不可以常例拘凡其情之所欲事之必爲無傷於道理者吾且受之若谷應之若響彼既不掣其肘其作爲必有可見者矣甄别賢豪法無踰此而謙恭下士之禮尤不可少主將務攬英雄之心三畧首語也軍以士爲輕重士以禮爲去留得其人而折節禮之推誠待之厚以破格之恩隆以望外之典而士有不鼓舞激勸爲樂致死者從古未有也古人有言請自隗始不然天下未嘗無士也將不下士故士有遠

引耳卽有所得又皆雞鳴狗盜之雄何裨大用哉

四臣在齊而鄰封不敢侵慕容垂在燕而秦王堅不敢謀是一賢可退千里之敵也

孫武獻兵法十三篇於闔廬王每誦一篇未嘗不稱善先覘其言也至與伍胥共理國政內練女兵外銷隱患是漸任以事也然後授以將柄五戰入郢北制齊晉稱霸中原是徐試之臨敵也

盜嫂受金不以擯棄闒張不樂魚水翕懽是讒慝不行也

捐黃金四十觔以間楚而不問其出入執赴闕上言之人以與郭進而使誅斬得行是不掣其肘也趙奢爲將身奉飲食者以十數所友者以百數能下士矣李抱眞聞有賢者必欲與之遊雖小善必卑辭厚遺郎千里邀致之至無可錄徐徐以禮謝遣能委曲收士心矣

拊循

孫子曰視卒如嬰兒故可與之赴深谿視卒如愛子故可與之俱死則欲軍中之親附必盡拊循之道饑寒困

乏如以身嘗疾病醫藥親臨診視解衣推食哀死問孤殯殁吮傷恩逾骨肉言語頻煩諄勤教誨財必與共甘苦與分卒雖最下得以情通三軍未食將不先炊三軍未次將不先幕軍井未成將不先飲親裹羸糧與分勞窘以父母之心行將帥之事則三軍欣從萬衆咸悅

齊穰且禦燕晉之師凡士卒次舍井炊飲食疾病醫藥身自親之悉取將軍之資糧以享士身與士卒平分糧食最比其羸弱者三日而後勒兵病者皆爭奮出戰晉師聞之引去燕師聞之渡水而解

吳起爲將與士卒最下者同衣食卧不設席行不乘騎親裹羸糧與士卒分勞苦卒有病疽者起爲吮之卒母聞而哭或曰子卒也而將軍自吮其疽何哭爲母曰非然也往年吳公吮其父其父戰不旋踵遂死敵今又吮其子妾不知其死所矣是以哭之

岳武穆之爲將也卒有疾爲之調藥或解衣以殮死者諸將遠戍遣妻勞問其家死事者哭之而育其孤或以子婚其女

夫吳起之吮疽唐太宗爲李思摩吮弩血均使軍中

感動蓋非常之恩勢難遍施故雖愛及一人而三軍勸者此用恩之巧也將軍三軍疴癢相關三軍與將生死共命者也今之將德澤不加休戚不顧惟知用笞杖以立威剝軍資以充囊此而欲責之以赴難必不得之數矣

軍刑

拊循之久士既親附倘威刑不肅何以令人嘗見純用恩者兵驕將縱居恆則犯上而無等臨敵則未戰而先退鼓之不進令之不止譬之驕子不可用也夫天之道

雖春生不廢秋殺將之道豈以姑息掩我威稜苟在所統犯法有刑卽位已崇高親如子弟斷不可宥殺一人而三軍震者殺之所謂罰必上究也蓋萬衆雲屯科條備具告戒分明三令五申已嚴約束欲節制則不得不立法欲立法則不得不行誅違令者旣以必誅奉令者倍加競守殺之而衆不恐宥之而衆不服至若臨陣猶且峻刑軍心無兩畏亦無兩侮畏我則侮敵畏敵則侮我爲所畏者勝爲所侮者敗善哉古人之言曰爲將者必使三軍畏我而侮敵或臨陣退縮或陷陣不入無問

貴賤必斬之以令其餘蓋必勝在乎死戰死戰在知必死軍知退却之必死也是以大呼陷陣所向無敵矣第罰不遷列亦不逾時遷列則衆疑懼逾時則人必生奸養亂取敗亡是皆將過故小犯則宥大犯則誅無心之犯則宥有心之犯則誅持之衡平濟以機術用法雖嚴軍中咸服矣

穰苴斬莊賈孫子斬妃嬪皆能戮君之寵愛以正法一所謂殺一人而三軍震者殺之也二將竟以此著名人亦竟以此畏二將而不敢犯其令一生得力在此

一舉矣

晉將荀晞屢破汲桑石勒威名大振用法嚴峻其從母依之奉養甚厚其子求爲將晞不許曰吾不以軍法貸之將無後悔耶母固求之乃以爲督護後犯法晞伏節殺之其從母叩頭求救不聽既而素服哭之曰殺卿者兗州刺史哭弟者荀道將也

隋楊素馭戎嚴整有犯軍令者立斬之無所寬貸及其對陣先令一二百人赴敵陷陣則已如不能陷陣而還者悉斬之又令二三百人復進還如向法將士

股慄有必死之心由是戰無不勝大率軍刑之嚴必在乎恩愛既施人心固結之後世之爲軍者平時不知用恩有罪則加刑戮每激軍中之變至激變而始驕惜惟恐一夫變色故三軍得窺其底裏而事之所以不濟矣豈知嚴刑之將卽三軍不忍叛將罰施於亂法之人刑加乎自犯之罪墮淚行誅解衣厚斂欲貸之而無計非好殺以張威苟此念昭明而三軍悅豫矣

軍賞

將以誅大爲威賞小爲惠無不謂小者倘無遺賞則膚
功豈肯忘心此三軍之士所以畢命向前計無反顧者
矣昔人有言賞不踰時故不獨貴小而貴速遲則爲屯
膏而人懷觖望不獨貴速而貴溢溢則出望外而人咸
激勸不獨貴溢而貴公公則如天地而人咸傾服不獨
貴公而貴信信則不負人而人思盡力三畧一書惓惓
重禮賞以駕馭英豪良以人雖聖賢必不效力於孤功
之人將雖明智必不能得死力於不賞之士賞不下及
而冀再用其人雖慈父不能得之於子而將顧可得之

於三軍乎故有功不賞雖賞不速不溢不公不信均將之所忌也然而尤貴不濫濫則得者不以爲榮貪者輒圖僥倖有限之財源旣不勝其漏巵膏澤之難遍且將令其觖望故勛勞宜賞不吝千金無功妄施分毫不與此魏武之所以稱明啇舉約涓滴成澤三軍諒之其心亦悅此秦王世民所以一羊可以分食而楊行密錫予將士其帛不過數尺者蓋惟艱難之際雖儉可以得人心也

晉文公將伐鄭趙衰言所以勝鄭文公用之而勝鄭

將賞趙衰趙衰曰君將賞其本乎賞其末乎賞其末
則騎乘者存賞其本則臣聞之祁虎公召祁虎曰衰
言所以勝鄭今旣勝將賞之曰蓋聞之子子當賞祁
虎曰言之易行之難臣言之者也公曰子無辭祁虎
不敢固辭乃受賞孔子曰凡行賞欲其博也博則多
助今虎非親言者也而賞猶及之此疏遠者之所以
盡能竭智也此之謂溢於賞

諸葛武侯之治蜀也人評之曰善無微而不賞惡無
微而不罰又曰盡忠益時者雖仇必賞犯法怠慢者

雖親必戮所以既沒之後能使李嚴致死廖立痛哭

而賢愚之所以僉忘其身者也此之謂公

尉繚云賞及牛童馬圉是賞下流也此之謂賞小

狄青既破儂智高於廣南上顧謂宰相曰速議賞幾

則不足以勸矣又古名將多有賞人於陣者此之謂

速

韓信謂沛公曰項王見人恭謹慈愛言語嘔嘔人有

疾病涕泣分飲食至有功當封爵者印刓敝忍不能

予此之所謂婦人之仁也大王誠能反其道任天下

武勇何所不誅以天下城邑封功臣何所不服沛公從之竟滅項則能賞與不能賞者其功效自別矣

黃石公之三畧則以爲無財士不來荀子之五權則以爲用財之欲參其說統貴厚賞而兵法又曰無使仁者主財恐多與多與則近濫而少與則亦不足以繼矣賜賚無厚薄惟宜顛倒之術圓應通變軍中資財常令有餘出納之數應須明白

草廬經畧卷一

譚瑩玉生覆校

草廬經畧卷二之目

責己

受善

致身

一眾

選能

料敵

草廬經畧卷二

無名氏撰

將謀

三軍之事以多算勝少算以有謀勝無謀而孔子言行三軍亦曰好謀而成故昔人論將之失者不曰好謀無斷則曰議論多而成功少斯言蓋中兵家之膏肓矣凡爲將攻不必取不苟出師戰不必勝不苟接刃夫必勝必取而後攻戰者卽孫子所謂勝兵先勝而後戰言先得勝算也豈如庸將不料彼我之勢不決制敵之機不設奇譎之變不講地形之利統軍而進偶爾合戰亦偶

爾分勝負而將不能自主也哉夫勝負之數將不先定安能為三軍之司命如果敵勢方強未可與角一朝之勝負必堅守而不輕為一戰及其得機決策則策勝如神矣故敵不能誘亦不能激中詔讓之而不以為嫌衆人非之而不為之轉者蓋謀先定也

李牧趙北邊良將也嘗居雁門備匈奴以便宜置吏市租皆輸入幕府為士卒費日擊數牛饗士習騎射謹烽火多間諜厚遇戰士為約曰匈奴入盜急入收堡有敢捕虜者斬如是數歲不亡失匈奴以牧為怯

郎趙邊兵以爲吾將怯趙王誚牧牧如故趙王怒召之遣他將代歲餘匈奴每來出戰數不利失亡多復強李牧牧曰王必用臣臣如前乃敢奉命王許之牧至如故約匈奴數載無所得終以爲怯邊士日得賞賜而不用皆願一戰牧知士之可用而匈奴之已驕也佯誘匈奴入而多爲奇陣以待大破之十數歲不敢近趙邊此其謀在怒我而怠寇而不撓於君命也趙充國擊羌意欲降罕幵而使先零自破議者以爲先零兵盛而負罕幵之助不先破罕幵則先零未可

圖也物議紛然充國堅不肯從天子詔讓之充國奏曰臣聞帝王之兵以全取勝是以貴謀而賤戰百戰百勝非策之善也故先爲不可勝以待敵之可勝乃上屯田十二利天子從之卒大破羌振旅而還此有謀而不撓於羣議也

周德威事莊宗帝勇而輕尤銳於見敵德威老將務持重以挫人之鋒故其用兵每伺敵之隙以取勝及胡柳坡之戰莊宗竟不從其言而德威敗死

劉鄩爲梁招討使莊宗嘗稱其一步百計及河上之

役末帝不聽其言促之使戰鄴敗而梁酖之此皆有謀而其主不能用也

將勇

吳子曰勇者必輕合輕合而不知利未可也此言血氣小勇也大勇者能柔能剛能弱能強臨之而不驚加之而不懼雖折而氣不挫雖小而不可欺事機宜赴有直往而不逗遛地所必爭無心搖而有死守豈非神武之威凌駕萬夫有以等摧鋒陷陣者而上之也脫若不然見敵先驚未陣思退將而無勇三軍不銳喪師覆衆職

此之故又不然而誤認勇之說第曰喑嗚叱咤所向披靡戈揮千將力敵萬夫此偏將之事非大將任也

吳漢志強力健每從光武征戰帝未安枕常側足而立諸將見戰陣不利或多惶懼失其常度漢意氣自若激揚吏士帝時遣人觀大將軍何為還言方脩戰攻之具嘆曰吳公差強人意隱然若一敵國矣

梁韋叡攻後魏合淝堰淝水以灌城魏將楊靈胤帥大將乘勝至叡堰隄下衆懼衆寡不敵勸叡退叡怒曰將軍死綏有前無卻因命繖扇麾幢立之堤下示

無動志竟克合淝久之魏中山王元英攻徐州衆號百萬連營四十里梁遣叡救之叡自合淝經陰陵大澤過澗谷輒飛橋以濟人畏魏軍多勸叡緩行叡不從旬日而至破魏降衆百萬

習勇之道一曰忠義二曰利害三曰見定凡將怯無勇者必喪師而覆衆誤人國家何在其衆既覆身亦難存久而念之不鼓自躍見定者深知彼我之勢明燭事機之要是以不惑人言萬夫必往昆陽之戰光武身先諸將衆曰劉將軍生平見小敵怯今見大敵

勇可怪也帝當此存亡之會非秀殺莽則莽殺秀起義以來此爲緊著帝之明遠籌之熟矣豈容再怯乎

將勤

六韜曰將不勤力則三軍失其勢未有身膺明主之知職任安危之責而玩愒爲務也殫心畢慮尙恐覆餗投大遺艱豈容兒戲或一人之未察或一事之偶失或厭倦而旁諉他人或憚改而姑待明日釁端雖小寸穴潰堤漸至難圖悔之何及此爲將者所以惟日不足弗遑寧處者也營寨部隊躬爲督視軍資器械親董其事撫

降馭下情意懇惻賓客遊士不妨折節詞訟聽覽曲直欲明簿書牋牘校讐欲清遴選眾職務得其人賞罰羣類務服其心外察敵人欲詳以審內職軍情務密以精千綱萬目無不贍舉非有奇術總由將勤

田單之守卽墨身操版鍤與士卒分功妻妾編於行伍之閒而身忘其貴當此之時魯仲連所以謂將軍有死之心士卒無生之氣也

韋叡日接賓客夜算兵書三更起張燈達旦且撫循其眾常如不及故士爭歸之

諸葛武侯手執簿書流汗終日食少事煩敵人相慶聆主簿楊顒之諫而終不改夫田單當宗社覆亡之秋値主憂臣辱之日勞瘁捐軀固將軍事武侯韋叡夙稱多疾羸弱若不勝衣辛勤自難負荷而惓然就之若赴甘之若飴者非眞好勞苦而惡安逸也治軍應敵眾務紛紜慮或一誤所失非小故士雅運甓習勤劬也

將讓

易曰勞謙謂有功而能謙也惟有功而不居其功故天

下莫與爭功有能而不居其能故天下莫與爭能蓋功蓋天下不過了人臣職分何必炫耀以施勞況亟欲自鳴反開讒者萋菲之門豈保身之長策哉故有歸功於廟算有委重於天威有暢言羣帥效力而自覦缺然有方念士卒用命而瘡痍可憫有引辜於平賊之晚而俯首請誅有負咎於糜費勞人而功不贖罪側身脩行抑損似無所容推功讓能避譽若將浼已遏言摧鋒攘地之勞發縱指示之妙歸然作功臣之色而冀分茅土之榮耶

靡笄之戰晉既勝齊而歸范文子後入武子曰無爲吾望爾也乎對曰師有功國人喜以迎之先入必屬人耳目焉是代帥受名也故不敢武子曰吾知免矣郤伯見公曰子之力也夫對曰君之訓也二三子之力也臣何力之有焉范叔見勞之如郤伯對曰庚所命也克之制也變何力之有焉欒伯見公亦如之對曰欒之詔也士用命也書何力之有焉

信陵既奪晉鄙兵符以破秦救趙趙王多公子之功欲以五城封公子公子聞之有自功之色客有說公

子曰物有不可忘者有不可不忘者人有德於公子公子不可忘也公子有德於人願公子忘之也且矯令奪兵以救趙於趙則有功矣於魏則未爲忠臣也公子乃有自驕爲功竊爲公子不取也於是公子立自責若無所容趙王自迎執主人之禮引公子就西階公子側行辭讓從東階上自言罪過以負於魏無功於趙趙王與公子飲至暮以公子退讓竟不忍言獻五城

韋叡曹景宗既全勝魏人乃設錢三十萬官賭之博

有梟盧雉特塞五等景宗擲得雉叡擲得盧叡勝矣叡取一子反之曰異事遂作塞及報捷羣帥爭先叡功高羣帥獨居後世尤以此賢之

晉三帥有功不居誠有君子之風魏公子自責若無所容客固稱奇亦微公子能受善能得士乎大抵人非聖人卽勛勞赫奕誰曰無疵細懷疵累爽然自失則矜驕念頭不覺頓消是亦致讓之術韋叡以勝爲負人先我後特加委蛇合好遈之人對之面慚尤自高人一等

將信

將者三軍之所仰也一語之出萬人傾聽倘有言不踐云賞不賞云罰不罰期約有如兒戲許可一語無所憑則禁令徒嚴科條徒密人必將心非而巷議曰此空談耳其陳師而諭之也賞格雖立人不以爲勸刑章雖示人不以爲畏令之而不行禁之而不止統馭雖多總皆烏合不可得而用以其信不足以結人也其視三軍遵守將令如奉神明若尉繚所稱如羊角如水弩人人無不騰陵張膽致死於敵者大不侔矣第信貫豫也善乎

文中子之言曰同言而信信在言前是以秦人徙木立
信豫之說也
晉文公伐原與軍中期攻十日攻原十日而原不下
罷兵而去士有從原出者曰三日卽下矣羣臣諫曰
原之食竭力盡矣君姑待之公曰吾與士卒期十日
不去是忘吾信也得原失信吾不爲也
諸葛武侯數四伐魏憫士卒勞苦分爲兩班輪流更
代方攻隴西長史楊儀曰代者將至前路公文已出
川口內四萬人應歸休息武侯令其歸蜀兵將起程

魏兵突至楊儀請留之諸葛武侯曰吾用兵命將以

信爲主便有大難決不留也軍中聞此言皆不願歸

武侯諭之曰汝等應歸之人父母妻子皆倚門而望

何可留此以誤歸期諸軍曰丞相如此施恩我輩願

殺魏兵以報數遣不從乃命出城而陣蜀兵多磨勵

以待魏兵遠來初至攻之大獲全勝

此外如賞罰之信無將不然不可枚舉蓋千乘萬衆

司命一人心志難調耳目難一上非好信何以必人

之從何以必事之濟即夙號有孚而一言爽約且令

信從之衆轉念生疑況泛泛無足憑者乎故信爲至重也

將廉

僨事之將恆由於貪貪則刻剝軍中覬覦望外是以軍怒而怨之敵詭而嘗之失機墮術士卒離心卽有平生宏遠之謀竟爲阿堵中物所昏而半籌不展矣將能心澄如水則德盛而威自張萬衆仰之惟謹敵人聞風而畏服大率貪墨之病由於干進將惟干進故事錢神僨帥之名古人所笑曾不思爵祿富貴惟有功者得之倘

祿祿無功卽重賂何益剝貪婪壞法國典昭彰能享福
澤乎國有常刑何若清心寡欲勵志功名
後漢張奐威鎭羌夷豪帥感奐恩德上馬二十匹先
零酋長又遺金鐻八枚奐並受之而召主簿於諸羌
前以酒酹地曰使馬如羊不以入廏使金如粟不以
入懷悉以金馬還之羌性貪而畏吏清前有八都尉
率好貨財爲所患苦及奐正身潔己威德盛行
國朝廣西都督同知山雲冰清玉潔始終如一帥府
有老隸鄭年者性鯁直敢言雲佯呼而問之曰世謂

爲將者不忘貪廣西素饒珍貨我亦可貪否年曰公初到時如一件新潔白袍一沾點墨不可湔也公曰人言土夷餽送之物苟不納彼必疑且怒奈何年曰居官黷貨國憲甚嚴公不畏朝廷反畏蠻子耶雲舉手禮年曰教我教我雲固武臣中之矯矯者而年亦可尚矣

都督同知王信歷鎮大邦不營私產平居默坐展玩經史寬袍緩帶糲飯疏羹故人婚喪傾囊賑恤無所顧吝出鎮三十年笥無華衣廄無肥馬鈴閣之中寂

無人聲金玉奇玩一無所好常曰儉足以久死之後不以奢侈累子孫者我所遺也總兵權者多爲子孫乞官信絕不爲嘗總理漕運曰荷國厚恩未能報稱此行江水洗滌肺腸少盡區區耳故劉大夏云予在本兵日每用一將官思得如王君賓若人那討得來是數將者誠廉士凡人爲將衆之死生國之存亡實係斯人任大責重非大器必不能堪倘懷染指之情卽是無心策勵雖智勇有足錄終庸夫也故嘗謂觀人品格先察貪廉

約己

夫兵之興也國家掃境內以專屬之將主上宵旰征人露處而將顧可安樂肆志矜脩富貴容乎三軍之士必將偶語曰吾曹千里從軍櫛風沐雨若怡怡然錦衣玉食曾不以我爲念我何以爲之死也如是則將之陷心逸志不幾爲忘身誤國之階乎是以有投醪而味河水有仗鍤而親土功有暑不張蓋勞不坐乘饑不求食寒不服裘臥不設席舍不平隴樸樕蓋之以蔽霜露躬身糗糧過險必步與士卒同甘苦同勞瘁同饑餓而心忘

其貴也故軍中感激士卒用命爭爲先登陷陣身死而有所不悔矣

吳王夫差不恤其下方黃池之會其大夫有與魯之大夫公孫有山氏相好者乃爲之乞糧曰佩玉蘂兮予無所係之旨酒一盛兮予與褐之父睨之觀吳大夫之言吳王厚自奉而不愛人安得不爲越所滅乎

永和中西羌大寇三輔圍安定漢遣征西將軍馬賢將諸郡兵擊之不能克皇甫規雖在布衣見賢不恤軍士審其必敗乃上疏以爲吳起爲將暑不張蓋勞

不坐乘令賢野次垂幕珍饌雜還兒子侍妾事與古反其將士不堪命必有高克潰叛之變不聽賢果敗歿

戒驕

嘗觀將當屢勝之後輒有驕心其甚者或一勝而驕或小勝而驕皆敗道也蓋將之輕敵也始於驕則自高其功自神其智自矜其勇不憂其寇不恤其下忠言逆耳良士疏斥戰則輕進守則弛備敵窺其情故卑其辭而降其禮佯爲敗以示怯以玩夫於股掌[illegible]肅知敵之敗

者爲偶失而無傷於勝勢或一詘而力猶可再舉或爲怒我怠師之謀俟我將驕卒惰方始乘焉有一於此必隳其阱古人軍勝彌警良有以也老子云禍莫大於輕敵輕敵幾喪吾寶也以多虞勝不虞以有備勝無備深戒乎驕之說也

晉文公敗楚於城濮燒其軍火三日不滅文公退而有憂色侍者曰君大勝楚今有憂色何也文公曰吾聞以戰勝而安者其惟聖人乎若以詐勝之未嘗不危也吾是以憂觀文公軍勝而憂矧曰驕乎此能戒

者也
項梁屢勝秦有驕色宋義曰戰勝而將驕卒惰者敗臣爲君憂之梁弗聽二世悉起兵益章邯擊楚軍大破之定陶梁走死此以驕而敗者也楚屈瑕亦然
關雲長擒于禁等威鎭華夏吳陸遜謂呂蒙曰關公矜其驍勇意驕志逸但務北進未嫌於我倘聞君病必益無備出其不意自可擒制蒙乃稱病遜代其任僞爲謙遜盡忠之書上關公曰前承觀釁而動以律行師小舉大克一何巍巍戰捷之後常無輕敵古人

兵術軍勝彌警願將軍爲廣方計以全獨克公見書

大安悉撤備爲吳所擒此書雖若戒驕實玩弄之益

其驕也

夫驕之生也生於淺慮而寡謀將有深謀卽使犁庭

掃穴倘思亢極必亡豈其成敗未分便曰前無所畏

雖心不期驕而自驕亦由始隱伏而不覺故伍胥有

言天之亡人也必驟近其小喜而遠其大災夫小喜

何以致亡則驕誤人也

責已

司馬有言大敗不誅上下皆以不善在己也上以不善在己必悔其過下以不善在己必遠其罪上下分罪以能易危爲安轉敗爲功也將惟自護其短而以失歸人此衆口所以呶呶而三軍之所以不用命人非堯舜安能盡善惟不文己非不難改悔引咎責躬若無所容以示日月之無私焉庶萬衆聞而仰之悅而附之失之東隅而收之桑榆也第責己之道須出至誠非徒騰頰實取後圖苟虛詞以希衆必取笑於三軍倘後效之無聞將前愆爲滋甚故自怨與自艾交儆心局與事局更新

然後諸軍激勸戰無不勝矣

晉人伐楚三舍不止大夫曰請擊之楚莊王曰先君之時晉不伐楚及孤之身而晉伐楚是孤之過也若之何其辱諸大夫也大夫曰先君之時晉不伐楚及臣之身而晉伐楚是臣之罪也莊王俛首而泣拜諸大夫晉人聞之曰君臣爭以過在己而君下其臣所謂上下一心君臣同力未可攻也乃夜還歸

武侯之敗於街亭也或勸公更發兵公曰大兵軍祁山箕谷皆多於賊不能破賊爲賊所破此病不在兵

少過在一人耳今欲校變通之道於將來自今以後諸有忠慮於國但勤攻吾之闕則功可蹻足而待於是考微勞甄壯烈深自貶損布所失於境內勵兵講武以爲後圖戎事簡練民忘其敗也

渾瑊之敗於吐蕃也以宿將史抗等不用其命元帥郭子儀謂諸將曰敗軍之將在我不在諸將渾瑊曰今日之事惟理瑊罪不則再見任子儀赦其罪使將兵趨朝那大敗虜兵盡歸所掠

夫違令致敗者史抗也而渾瑊以爲己罪受命禦寇

者渾瑊也而汾陽自任其失責躬如此所以前敗而後勝夫人之常情鮮不是已而非人以楚莊武侯汾陽之德度觀焉人之相越遠矣然瑊之敗也瑊始欲設槍壘以自固史抗以爲示怯而命去之出而力戰師還虜躡以入是以敗渾瑊史抗之罪皆可原矣假令逗遛而不力戰或違律而致喪師郭公不執而誅之而第責已也何以正法乎

受善

集衆思廣忠益古人之名言也蓋智者有千慮之一失

愚者有千慮之一得矧將非明智顧可輕物傲人薄學策爲不足詢乎苟其言可裨軍政佐勝算卽芻蕘可採安問從來降虜可師何嫌折節參微言於利害虛以受人酌可否於胸中務求允當所由算無遺策動有成功脫若自矜智術悤遑胸臆漫行獨斷無論謀士止而不來卽至而必去知其不足與共功名亦有獨斷於衷不撓羣議而立功名者必其謀越衆客無過愼之愚明羣情有先事之察原非懵懵然也亦有因聽人言而隨績者必所聽非其人聽於近倖而違於正人聽於一二而

違於僉謀聽於淨論而違於至計卽有明智君子列三策而陳之或從其中策下策而違其上策皆足以敗事者也昔人有言謀之欲多斷之欲獨竊以爲斷之欲明方是眞能受善者也

繞角之戰晉之羣帥皆欲與楚戰惟知莊子范文子韓獻子不可晉師乃還或謂欒武子曰聖人與衆同欲是以濟事子盍從衆子爲大政將酌於民者也子之佐十一人其不欲戰三人而已欲戰者可謂衆矣商書曰三人占從二人衆故也武子曰善均從衆夫

善衆之主也三卿爲主可謂衆從之矣亦可乎此其所從者正人言也若梁武之於朱异隋煬之於虞世基是偏信近倖似是而非者也

趙奢救閼與去邯鄲三十里堅壁不進令其軍中曰有以軍事諫者死軍中候有一人言急救武安奢立斬之此爲將者獨有主張恐羣言惑衆故斬以令衆是獨斷也

楚屈瑕伐羅狃於蒲騷之勝而自用使徇於軍中曰諫者有刑竟敗而死是驕而愎諫似獨斷而非者也

趙奢既斬諫者留二十八日不進忽一日一夜趨至
閼與軍中許歷請諫奢兩從其言曰謹受命卒以是
而取秦是可聽即勿蕘可採也
韓信得廣武君解其縛東鄉坐而師事之竟用其言
而北收燕東下齊
李光弼得賊將安思義委心問計對曰今軍行疲敝
逢敵不可支不如按兵入守料勝而出虜兵炎銳弗
能久持圖之萬全光弼善其言而破史思明是皆降
虜可師也

大抵將之聽諫當觀其人品校其深情察其至計可以從眾可以從寡可以獨斷夫從善之心如衡之平如鑑之明物至而照妍媸自見自非智畧宏遠城府深密未有不僨事者蓋能獨斷之人即是能受善之人原非專執己衷屏棄忠言但勢有不同識有獨到機不可露故不得不斬妄言者以息浮議耳

致身

岳武穆有言文官不愛錢武臣不惜死天下太平矣而孟德之譏袁本初亦云幹大事而惜身則信乎致身之

義當講矣夫棄軍離地與逗遛不前之將何嘗不是愛惜其身而非外見殺於敵則內見戮於君生可得耶何如慷慨激昂以一身殉國腥血漬戰袍而愈厲矢石落左右而不驚孤城捍強敵而神閑深入抵賊巢而不懼蓋三軍勇怯恆視其將將畏縮而士氣痿將強毅而士氣張與其貪生畏死遺臭萬年孰若舍生取義垂芳百世況必死不死幸生不生既以身任國事滅賊則朝天有日賊在則歸闕無期何能作兒女之態奉身縮首而已耶

韋叡救鍾離魏軍夜來攻城飛矢雨集叡子黯請下城以避箭叡不許軍中驚叡於城上厲聲呵之乃定

李光弼與史思明戰於中潭將刃納於靴曰戰危事吾任三公不可辱於賊萬一不捷當自刎以謝天子及勝西向拜舞三軍感動

張巡每與賊戰將吏有還者巡立戰所不動曰還為我決之諸將還致死由是戰無不勝

劉錡至順昌虜勢正狂軍中勸錡去錡鑿舟沈之示無去意置家寺中積薪於門謂守者曰脫有不利即

焚吾家無辱敵手也連戰金兵兀术遁去

夫中潭之勝由靴中之刃順昌之捷由寺門之薪而韋叡與睢陽堅立蝟集之場不移跬步者已將此身存亡置之度外矣蓄與敵相薄如入虎穴探虎子非舍生不可舍生則勝惜身則敗勝則我生而敵死敗則我死而敵生但務出奇用智毋空爲匹夫必死之勇耳故孫子云必死可殺必生可虜三復斯言堪爲

軍主

一衆

兵法曰千人同心則有千人之力萬人異心則無一人之用眾心不一則彼此互諉進退疑二敵人薄之前陣斁顧後陣欲走雖百萬之眾竟亦何益故一眾之說兵家所同三畧曰士眾欲一司馬法曰氣閒心一孫武子曰齊勇若一六韜以一為獨往獨來之兵尉繚以一為獨出獨入之兵所謂獨者謂能使三軍之眾一心同力齊至死戰一之之法拊循欲厚激勸欲勤號令欲嚴賞罰欲信俾士卒戴我而樂於一畏我而不敢不一又頤兵死地示之以必死令不得不致其死而一所以軍人

一心奮勇直前人莫能禦如吳子所稱父子之兵者是也

嘗考紂有臣億萬維億萬心周有臣三千維一心是以一舉而牧野成功此以仁義一衆者也

吳起說武侯以三行饗士大夫上功坐前行餚席兼重器次功坐中行餚席差減無功坐後行餚席無重器又頒賜有功者父母妻子於廟門外亦以功爲差行之三年秦人興師士不待吏令介冑而擊之起乃率無功者五萬人破秦五十萬衆此以恥一衆心也

項羽救趙既渡河破釜沈舟持三日糧示士卒必死大譟而進楚兵呼聲動天地英布蒲將軍等冒死先登所向無敵於是九戰虜王離諸侯從壁上觀莫不震恐失色此頓兵死地而以致死一眾者也

至於善拊循以一眾以忠義一眾是又不可勝數雖然眾宜一矣尤宜精倘器械士眾素非精練驅怯弱無用之人置之必死之地是猶以肉投餓虎也惟器械精造士卒精選多則數萬少則數千鼓激之餘拊循之下馭以道術乃可橫行

選能

兵家之用人非一途也貴在因能而器使之使智使勇使貪使愚使才使藝惟視其長盡歸擢用謝安將其姪元郗超以爲元之才足以不負所舉嘗與之同在桓公幕府觀其使人雖屐履之閒未嘗不得其任信斯言也將固重選能矣葢聾者善視瞽者善聽原無可棄之人惟用違其才始有難成之績夫梗枏寸蠹良匠必收奇士跅弛良將必用故雄才碩彥推誠禮之謙恭下之智能技藝恩信聯之資給厚之俾人人自以爲得將之親

任無使流落不偶心懷去志一才一能悉竟其用因人付任各當其職建功立名此爲先務

太公云王者有股肱羽翼七十二人以成威神蓋士藏器草萊奮迹麾下者古來不乏故大將受任先訪奇才異能之士悉置幕府高識遠見可使助謀巧詞善對可使遊說能致敵情可使閒諜熟知敵境者可爲鄉導踰溝越壘往來無迹者可使密覘達天象善卜筮者可使佐譎臨高歷險馳射如飛進則先行退則殿後者可使爲騎將足輕戎馬力越千夫善用短

兵長於弓弩者可使爲步將深知水性鼓櫂若飛縱橫出沒射疏及遠者可使爲水將軍如宋末劉師勇水將軍也而使統步卒張世傑步將軍也而使統水軍宋竟以亡交種有牧民之才則使居守范蠡有應變之才則使隨君越是以伯則選任賢能隨身器使其關係豈小也哉

料敵

夫敵情叵測常勝之家必先悉敵之情也其動其靜其強其弱其治其亂其嚴其懈虛虛實實進進退退變態

萬狀燭照數計或謀慮潛藏而直鉤其隱伏或事機未發而預揣其必然蓋兩軍對壘勝負攸懸一或不審所失匪細必觀其將而察其才因其形而用其權凡軍心之趨向理勢之安危戰守之機宜事局之究竟算無遺漏所謂運籌帷幄決勝千里也

吳人伐州來楚薳越帥師及諸侯之師以救州來吳人禦諸鍾離子瑕卒楚師熸吳公子姬光曰諸侯從於楚者衆而皆小國也畏楚而不獲已是以來也吾聞之曰作事威克其愛雖小必濟胡沈之君幼而狂

陳大夫齒壯而頑頓與蔡許疾楚政楚令尹死其師熸帥賤多寵政令不一七國同役而不同心帥賤而不能整無大威命楚可敗也若分師先以犯胡沈與陳必先奔三國敗諸侯之師乃搖心也諸侯奔離楚必大奔請先者去備撤威後者敦陳整旅吳子從之諸侯之師乃皆敗

唐王晙請西發拔悉密東發奚契丹掩毗伽於奚落水上毗伽大恐暾欲谷曰不足畏也拔悉密在北庭與奚契丹相去絕遠勢不相及且拔悉密輕而好利

得王晙之約必喜而先至晙與張嘉貞不相悅奏請必不相應必不敢出兵拔悉密獨至擊而取之勢甚易耳既而拔悉密退毗伽欲擊之暾欲谷曰此屬去家千里將死戰未可擊也不如以兵躡之先分兵間道圍北庭因縱兵擊拔悉密密敗走北庭不得入盡為突厥所虜姬光暾欲谷可謂料敵之審也孫子有曰知彼知已百戰百勝故知敵之可擊又知吾卒之可以擊地形之可以戰然後能全勝焉世之為將者無論不能料敵亦且不能自料遇敵則戰戰敗則遁

自守猶不足乃欲出師以攻人乎

草廬經畧卷二

譚瑩玉生覆校

草廬經畧卷三之目

矯言定眾

假托鬼神

粻餉

屯田

謹糧道

因糧於敵

地形

詭譎

草廬經畧卷三　　無名氏撰

遠畧

天下良將少而愚將多故多狃近利而遺遠畧也務遠畧者雖無一時可喜之功而有制勝萬全之道不以小勝而喜不以小敗而憂不以小利而趨不以小害而避洞達利害兼覽始終其靜俟若處女其祕密若神明其期許也若落落難合其持衆也愼其慮事也詳其料敵也審其應變也舒其投機也捷非必取不出衆非全勝不交兵緣是萬舉萬當一戰而定國無遺寇勛無與匹

譬若奕者高著低著人謂可畧到頭一著則乾坤老而始信敵手之稀譬若良醫平和之劑似無速効而起死回生則衆不能而獨妙刀圭之用爲將亦然

趙營平伐羌軍初至羌以數十騎出入軍旁諸將欲擊之營平曰吾士馬新倦不可馳逐此皆驍騎難制又恐爲誘兵也擊羌以殄滅爲期小利不足貪也

李愬已克蔡州諸將請曰公敗於朗山而不憂勝於吳房而不取冒大風雪而不止孤軍深入而不懼然卒以成功皆衆人所不喻也敢問其故愬曰朗山之

不利則賊輕我不爲備矣取吳房則其衆奔蔡固守故存之以分其兵風雪陰晦則烽火不接不知吾至孤軍深入則人致死戰自倍矣夫視遠者不顧近慮大者不計小若矜小勝恤大敗先自亂矣何暇立功乎衆皆服

張浚使張彬謂曲端曰今兵合財備婁室以孤軍深入吾境我合諸路攻之不難端曰彼將士精銳且因糧於我我反爲客未可勝也若按兵據險時出偏師擾其耕穫彼不得耕必取糧河東則我爲主矣如此

一二年彼必困弊乃可圖也浚不以為然故有富平之敗端之言蓋慮遠者奈何浚不從而僥倖一戰遂使關陝竟不可復也惜哉

吳玠用兵本孫吳務遠畧不求近利故能保必勝而蜀賴以安

夫遠畧與近利相反也不觀近利之害而無以知遠畧之功將徇近利則敵小懲而大誡謀慮必周險阻必備親賢愛民和衆固交無隙可投務遠者潛完吾力潛脩吾備佯示不能佯若不進敵玩易之決無戒

心因而乘之事半功倍

戰權

閫外之事敵情變態不測機權伸縮若神固非淺識者能謀亦豈千里之外所能遙斷耶嘗見古來大將臨戎自非明主在上則議論風生謗書盈篋敵無可擊而姑待謂之逗遛機已可乘而速進謂之喜事增城築險謂之糜費而勞人佯怯示弱則曰巽懦而難任刑及當路貴重則曰擅誅賞及牛豎牧圉則曰濫與搖手足動干文網救過不暇安望立功此而督責使之是猶欲騏驥

之走而羈其足欲孟賁之擊而掣其肘也故君必假之以不御之權然後可以奏師中之吉其進其退其緩其速其戰其守其罰其賞概由大將君無與焉萬一事涉可疑當如漢宣故事不妨以璽書頻於軍中問趙將軍不戰庶幾外結君臣之義內憑骨肉之親由是大將得行其志所謂無天於上無地於下無敵於前無君於後氣厲青雲疾若馳騖智者爲之謀勇者爲之死雖其將之善將兵亦緣君之善將將矣

唐德宗之世命將出師嘗授以成律交戰日時亦待

中詔於是將帥趑趄莫敢自決

安祿山既克東郡阻潼關之險不得西進會告崔乾祐在陝兵不滿四千皆羸弱無備上遣中使邀哥舒翰出兵復陝洛翰曰祿山久習用兵豈肯無備是必羸將以誘我若往正墮其計且賊遠來利在速戰官軍據險利在堅守況賊勢日蹙將有內變因而乘之可不戰而擒也要在成何必務速上聽楊國忠言遣中使促之項背相望翰慟哭出關遂大敗

劉鄩爲梁禦晉末帝怒其不戰謂諸將曰主上深居

宮禁未曉兵家與白面從事終敗大事大將出征君命有所不受臨機應變安可預謀今揣敵人未可輕擊諸君籌之末帝促之鄣不得已出戰大敗

甘茂之息壤在彼許翰之杜郵二字岳武穆之金牌十二成敗懸殊一從中制也戰權不獨忌中制也卽長子帥師而弟子參之是分權也李顯忠之撓於邵宏淵也良將之軍而豎子監之是奪權也李德裕之請勿置監軍是也不立主帥而分任各將是無權也唐肅宗以六十萬衆而敗於史思明也甚矣將權之

宜一也

部分

大將之部分諸將欲得其勢卽如奕者之起手下著必須先得其勢以成勝局然而最忌太遠從數路進兵者兵家常事所以分敵勢令其救此則失彼之意但此必我強敵弱我可憑陵而後用之如或敵人旣強且智知我數路進兵偏師阨險綴我諸兵令不得進復併力一路出奇設伏反令我一路之兵應時而潰散矣蓋兵力弱聲息不通懸隔難援而客主之勢自然不敵此定理

也晉武平吳數路而克曹彬伐蜀數路而危故武侯不聽魏延子午谷之計良有以也蓋非可輕之敵須從一路依法進兵犄角爲援臂指相使即不大勝亦不大敗入人之境前軍分數道以防擁併難行且使應敵號令進止金鼓相聞發蹤指示氣脈相應仍令數軍於後以備敵之後襲且爲首之聲援前鋒在前軍之前遊騎在前鋒之前亦僅四五里許專爲探視敵人之動靜奪險守伏見可而進恐太遠則救應不及將令不聞也兵多地廣似此爲宜倘遇險阻必須權變必訪求別徑奇道

可以暗襲可以邀擊可以設伏可以劫糧可以爭利可以據城奪塞者別令死士乘閒疾出此奇兵也恆與正兵相爲表裏大都伐人之國師期宜速宜密使敵不備故尉繚子有云患在百里之內不起一日之師患在千里之外不起一月之師患在四海之內不起一歲之師恐其淹久敵聞而從容成備非我利也韓安國諫伐匈奴上言曰臣聞用兵者以飽待饑正治以待其亂定舍以待其勞故接兵覆眾伐國墮城常坐而役敵國此聖人之兵今將捲甲輕舉深入長驅從行則迫脅衡行則

中絶疾行則乏糧徐行則後利不至千里人馬乏食兵法曰遺人獲也故曰弗擊便此言深入宜愼也司馬仲達拒諸葛武侯張郃勸懿分兵駐雍郿爲後陣懿曰料前軍獨能當之者將軍之言是也若不能當分爲前後此楚之三軍所以爲黥布擒也懿之言謂軍宜有後不可分駐太遠也凡軍無後援謂之孤軍輕進鮮有不敗也李陵受困無後固者也

隋文帝時契丹寇營州詔通事謁者韋雲起護突厥兵往討之啟文可汗發兵二萬受其處分雲起分爲

二十營四道俱引營相去一里不得交雜聞鼓聲而起聞角聲而止自非公使勿得走馬三令五申擊鼓而發有絓干犯約斬以殉於是突厥將帥入謁皆膝行股栗莫敢仰視是部分之明也

號令

大將有號令是三軍之所懍而奉者也號令不嚴則玩而易之何以責人之用命哉是令之出也必明如日月凜若雷霆迅若風行方其欲發必躊躇既定可以必人之能從可以諒事之必濟然後渙汗從而施焉蓋軍有

常刑將無反令故寧審而發毋發而可以轉移之也嘗見庸將之令或中格而不行或朝更而夕改或違令而不誅此雖三令五申祇取煩瀆耳令苟必行眾無不遵故邾人不信魯之盟第信季路之一言以其言在必踐也

周亞夫軍細柳以備匈奴漢文帝親自勞軍至霸上棘門兩軍直馳入將下騎迎送已而之細柳先驅曰天子且至軍門都尉曰將軍令曰軍中聞將軍令不聞天子詔居無何上至又不得入上使使持節詔將

軍吾欲入勞軍亞夫乃傳言開壁門壁門吏士謂從屬車騎曰將軍約軍中不得馳驅於是天子乃按轡徐行夫將軍之令不以天子而撓而其主又如其令俾將威之必伸也可謂明良相遇矣

李光弼之鎮朔方也號令出旌旗壁壘皆變軍中指顧諸將皆不敢仰視治師嚴整天下服其威名

岳武穆討楊么賊黨曰岳節度令出如山不可敵也因而降其送紫巖張先生北伐之詩曰號令風霆迅天聲動北陬觀此而武穆之令可知矣

軍容

軍之有容也所以振揚威武壯三軍之魄而奪敵人之氣者也軍容不盛則軍威不張軍威不張則將之能否可知矣是以器械務取其精銳旌旂必求其絢爛甲冑務欲其鮮華人馬騰陵三軍生色眞將軍也

魏圍昌義之於鍾離梁曹景宗等救之器甲精新軍容甚盛魏軍望之奪氣

後五代時梁遣王景仁將魏滑汴宋等精兵七萬人救趙晉遣周德威救之梁兵人馬鎧甲飾以組繡金

銀其光燿耀目晉軍望之色動此其能張軍容以寒敵之膽也

誓師

吳子有言百姓是吾君而非鄰國則戰勝未有義聲煌煌而三軍之銳氣不倍爲鼓舞者也故出兵之際則陳師而誓之也其聲罪欲明約束欲嚴賞格欲厚刑章欲肅夫聲罪明則軍威張約束嚴則紀律正賞格厚則士樂趨刑章肅則人警畏此自甘誓湯誓以來所必重也故爲將者毋以爲故事而漫嘗之忠義慷慨激揚吏士

慶賞刑罰申飭再三爭先用命同立功名貴賤相忘禍
福與共自可目無強敵威自百倍矣

啟即位有扈氏不服王征之大戰於甘乃召六卿之
師王曰嗟六事之人予誓告汝有扈氏威侮五行怠
棄三正天用勦絕其命今予惟恭行天之罰左不攻
於左汝不恭命右不攻於右汝不恭命用命賞於祖
不用命戮於社予則孥戮汝遂滅有扈

秦王猛攻燕陳於渭源而誓之曰王景畧受國厚恩
兼任內外今與諸臣深入賊地當竭力致死有進無

退共立大功以報國家受爵明主之朝稱觴父母之室不亦善乎眾皆踴躍破釜棄糧大呼競進夫甘誓則聲罪明而賞罰備王景畧之誓其立功報國則激以忠義受爵稱觴則歆以福澤深入賊地則示以利害宜乎人之踴躍也

陰陽

夫天官時日之禁忌元象物兆之吉凶其屬人創造者本篤誕以爲使愚之計卽朕若冥定者其轉移又在人事之勤未有眞倚仗鬼神拘依俗禁侈談奇門遁甲金

甲神將而可爲決勝之策者也蓋千軍萬衆誑惑易生而鼓舞激揚操之在將是故不憑虛以墮軍實不拘常以失事機或見怪不怪矯凶爲吉或托鬼托神若夢若狂罔非因人心之疑畏而激之使前也孫子曰能愚人之耳目使之無知者此其一端歟

禁祥去疑

夫興國之君先脩人事人事既脩我操其必勝之勢即天象茫茫尙不可拘況卜兆時日何足深信而乃簧惑於此自失機會從古以來蹈之者多如此溺習亟宜破

除

武王伐紂龜卜不吉風雨暴至羣臣盡懼惟太公強之焚蓍龜不卜以爲腐草朽骨豈可爲憑竟滅紂此龜兆之不足信也

劉裕伐慕容超超曰今歲星在齊以天道言之吾不戰而克遂不守大峴之險爲裕所滅此歲星之不足信也

冉閔攻後趙襄國時救之者多閔欲固壘以挫其銳道士法饒進曰太白入昴當殺胡王百戰百克不可

失也閔從之出戰而敗此元象之不可深信也

唐莊宗欲襲梁因問司天司天言歲不利用兵郭崇韜曰古者命將鑿凶門而出況成算已決區區常談豈可因之而阻大眾莊宗從之滅梁

魏主伐燕其日往亡太史諫曰紂以甲子日亡兵家所忌魏主曰紂以甲子月亡武王獨不以甲子日興乎攻燕克之

李愬攻吳房或曰今日往亡愬曰吾兵少不足戰彼以往亡不吾虞正可擊也遂往克吳房人亦有以此

諫劉裕者裕曰我往彼亡何忌之有

鄧禹為王匡成丹劉均所敗諸將見兵勢挫恐賊乘之勸禹夜去禹不從明日癸亥匡等以六甲窮日不卽出兵以乘勢蹴禹鄧禹因得更理兵衆其勢復振次日乃攻禹寨賊大敗此歲星時日之不足信而拘之者誤軍計也

今日軍中動輒豔慕太乙六壬奇門遁甲六丁六甲神將太乙辨方向之利否為趨避之指南卽使其方不利獨不可伐人之國而值外侮之來可以不禦乎

即使其方向利而敵勢強不可擊我兵不足擊亦可趨利而不顧其後患乎此太乙可知而不可恃也明矣六壬京房諸家神數亦宜收錄第托名於此而無一驗者舉目皆然軍機何等大事而可嘗試爲耶須以目前小事試其驗否果驗而後用之如其小者不驗則其大者憑虛遠之可也奇門丁甲神將大概聽其言則有施之用則無祇可誑惑凡庸豈能鼓簧明智即奇門雖有而武侯誠意不可多得今直藉其虛名而已觀雲望氣星歷之儔亦須驗試方與諸家神

數並用

矯言定眾

興師出征勢不容已萬一妖兆突起士眾驚疑不戰而先自屈矣故必矯以爲祥而使人心之徐定然後審勢觀變相機而動料勝而出而毋輕舉以貽不追之悔毋猶豫而失可赴之機庶幾以持重獲長算以明斷樹奇勛

謝艾禦麻秋時謝艾少年書生新將兵而麻秋百戰之強虜方出兵之際有二梟鳴於牙中艾曰夫博得

梟者勝令鳴牙中克敵之兆也進與麻秋戰大破之李孝恭討輔公祏將發大饗士卒杯酒盡變爲血在坐皆失色孝恭自若徐曰禍福無基惟所召耳顧我不負於物無重諸君憂公祏禍惡貫盈今仗威靈以問罪杯中血乃賊臣授首之祥乎盡飲罷衆心始安進擊公祏滅之俱矯凶爲祥恐衆士之驚疑也至其進兵而捷又在人事之強非凶兆之果爲吉兆也

假托鬼神

大敵在前勢且莫支吾三軍怯弱疑沮此而欲令其奮

非可得之賞者計必依附神道以陰鼓其銳氣正人事也未有廢人事而不脩信鬼神爲可恃可愚如王凝之與宋靖康之君臣也

燕樂毅下齊七十餘城惟莒卽墨未下燕復以騎劫代樂毅齊人屢敗之後勢弱而兵怯田單乃陰鼓之乃令城中人食必祭其先祖於庭飛鳥旋舞下食燕人怪之單令城中人爲我師有一卒曰臣可爲師乎因反走田單曰子勿言也每出約束必稱神師眾信之乃奮遂破燕師殺騎劫

劉聰遣劉暢攻滎陽時李矩守滎陽未及爲備乃遣使詐降暢不復設備矩欲夜襲之士卒皆疑懼乃遣其將郭誦禱於子產祠使巫揚言曰子產有教當遣神兵相助衆皆踴躍爭進掩擊暢營暢僅以身免此均托鬼神而勝者也

孫恩自海島攻會稽內史王凝之世奉天師太道不出兵亦不設備其屬請之凝之曰我已請大道備鬼兵守要津不足慮也恩遂破會稽殺凝之

金人攻汴郭京自言能祈六甲神兵可擒金之將直

擊至陰山乃止孫傳何㮚尤信之或有諫傳者傳曰此人殆天爲時生也時又有劉孝竭等或稱六甲士人或稱北斗神兵或稱天闕大將大率效京所爲舉國若狂無敢明言其非者金人攻通化門何㮚趣京出師京敗而遁汴梁遂陷

梁之後主尊信佛道于謹之師入猶戎服談元曰吾至石梵境上肅然口爲偈羣臣亦有和之者江陵遂亡此均信神而取敗者也

糧餉

法曰兵無糧食則亡信乎三軍之事莫重於食矣必士有含哺鼓腹之樂而後有折衝禦侮之勇而不然者不戰自潰矣夫人一日不再食則饑不以時而食亦饑況以數十萬之眾所費既奢千里饋糧又非旦夕可至嗷嗷待哺安能俟西江之水而蘇涸轍之魚乎是故久守則須屯田進擊則謹糧道深入則必因糧於敵古今之定理也

屯田

屯田之置始於漢開西域道遠難餉乃置屯田吏士夫

漢以前非可無屯也三代之法寓兵於農故不必屯自兵農分而兵出力以衛民民出粟以養兵轉輸千里絡繹不已所運既遠勞費迴半如秦人起負海之粟以餉北河率三十鍾而致一鍾軍得而食者能幾何民貧士餒公私俱困則敵乘其外變起於內如此而國安者未之有也欲無遠輸之害不得不議屯以萬人論分三爲守分一爲屯給種給牛人數十畝計除眾費一人之獲可食數人如敵稍緩分半爲守分半爲屯所獲益奢則一年耕而有三年之食且臨敵之境荒涼極目而設險

開塹置堡立城遏敵之衝以蔽耕者仍令耕者不得離百里遠萬一有警朝呼夕至伺敵觀變且耕且守行之得法敵不能擾我耕穫矣且極邊之城處處有兵近敵者守居內者屯敵又安能越而擾乎昔武侯伐魏每遇糧運之難不克伸志乃令諸軍屯田於渭夫深入敵境耕人之土猶不慮敵之侵擾況屬我之境而乃畏敵不敢爲屯田也尙謂國有人乎故用兵之久者當以轉運爲權宜以屯田爲長策庶幾可以息百姓之肩軍無枵腹之憂也

趙充國擊先零上屯田奏曰臣所將吏牛馬食月用糧穀十九萬九千六百三十斛茭藁二十五萬二百八十六石難久不解徭役不息又恐他夷卒有不虞之變相因而起爲明主憂且羌虜易以計破難以力碎也故臣愚以爲擊之不便計度臨羌東至浩亹羌虜故田及公田民所未墾者可二千頃願罷騎兵分屯要害就草爲田者出賦人二十晦充入金城謚蓄積省大費帝從之而羌平

晉羊祜之鎭襄陽也與士卒墾田八百餘頃其始至

也軍無百日之糧及其季也乃有十年之積
郭子儀之鎮河中也患軍中乏糧乃自耕百畝將校
以是爲差於是士卒皆不勸而耕野無曠土軍有餘
粮
宋將如岳武穆吳玠等皆兼屯田大使由是觀之無
代不屯無屯不富卽趙充國所謂屯田內有無費之
利外有守禦之備是也
至我國朝沐英請屯田於雲南高皇帝曰屯田之政
可以紓民力足民食邊方之計莫善於此趙充國始

屯金城而儲蓄充實漢享其利後之有天下者亦莫能廢英之是謀可謂盡心國家有志古人矣乃敕天下衛所盡置屯田

謹糧道

夫糧餉之道係吾軍咽喉存亡通塞成敗攸關長慮却顧豈容怠緩我入敵境敵若善兵或以遊兵往來抄掠吾食或以偏師塞險截我後途或以奇兵出我不意焚吾積聚有一於此爲敵所制故凡糧食轉運之徑庾廩充溢之所遠其斥堠守以精兵敵若潛來自應無患且

寇雖善襲必不漫嘗防守既嚴陰圖自寢上兵伐謀是之謂也

袁紹攻曹操遣將淳于瓊等督運烏巢操自將取之張郃曰曹公兵精必破瓊等瓊敗將軍事去矣宜急引兵救之紹不從竟敗此不知謹者也

曹操下河東周瑜欲往聚鐵山取操之糧諸葛武侯曰曹公生平慣斷人糧道豈無重兵守之往必敗瑜乃止此防守之嚴而陰謀自寢也

因糧於敵

兵法有之得敵一鍾當吾二十鍾得敵一石當吾二十石夫敵一何以當吾二十也蓋飛輓遠餉糜費居多未若因糧於敵悉為實用況深入重地餽運不通恃敵饒野為我懸餌分眾掠地取其秋穀破地降邑取其倉糧或德盛而恩深民咸餽獻或以權而濟事抄獲為資三軍足食謹養勿勞伺隙出奇乘機疾戰謀施不測志在必取無務淹久此智將也

劉裕伐南燕或曰燕人若塞大峴之險或堅壁清野大軍深入不惟無功且不得還也裕曰吾慮之熟矣

鮮卑貪婪不知遠計進則虜獲退惜禾苗謂我孤軍深入不能持久此必不守險淸野敢為諸軍保之及過大峴裕舉手指天喜形於色左右曰公未見敵而先喜何也裕曰兵已過大峴士有必死之志餘糧棲畝兵無匱乏之憂虜已入吾掌中矣

王全斌伐蜀克興州獲軍糧四十餘萬斛進三泉獲軍糧三十餘萬斛克利州獲軍糧八十餘萬斛軍賴以濟遂平蜀此皆因糧於人以成大功者我無食而敵有食在我則反客為主我旣飽而敵饑在彼則反

主爲客也

地形

地形之說備載乎孫子九形九地行軍諸篇矣他如吳子之天竈龍頭太公之車地騎地司馬之歷沛歷圮兼環龜背言地也大都屯營置陣得地者強所謂善戰者立於不敗之地而不失敵之敗也營陣處高陽依險阻堪設伏便樵汲利糧道無餘蘊矣而戰地則不一端總宜居己於崇高居敵於卑下居己於寬舒居敵於隘塞居己於陽潔居敵於坎坷居己於可藉之鄉居敵於無

所可恃之處居已於有勝無敗之境居敵於敗莫救之中居已於先至逕勝之明居敵於後至失據之拙兩軍交戰地不兩利我先得之敵爲我制雖可利人實由人擇固分險易還務通權無論車騎與用衆者利易步戰與用寡者利易也欲三軍之力戰則置之死地慮勁敵之侵軼則尤宜阻水與傅山要害形勢死守不移倘或難憑須當設險地爲我得敵不敢攻尤應致人使之自墮此勝算也

耿弇攻巨里費邑救之弇鬪自引精兵上岡阪乘高

合戰大破之

馬服君救閼與軍士許歷曰先據北山者勝後至者敗馬服君卽發萬人趨之秦兵後至爭山不得上縱兵擊之大破秦兵

狄青攻儂智高於崑崙關賊銳甚右師孫節搏戰死山下時賈逵將左軍私念兵法云先據高者勝引兵疾趨山始定賊至逵揮劍而下斷賊陣爲二賊遂敗此得地利者也

李光弼受命攻史思明師至北邙光弼使傅山陣懷

恩曰我用騎今迫險非利地請陣諸原光弼曰有險可以勝可以敗陣於原敗師殲矣賊致死於我不如險阻懷恩不從賊據高原以長戟七百壯士執刀隨之伏發官兵大潰

張浚合諸軍四十萬人於富平以禦金人會諸將議戰吳玠曰兵以利動今勢不利未見其可宜擇高阜據之使不可勝浚不從竟敗於金人此失地利者也夫與敵相持猝然遇之須按視地形趨利避害戰地不利不妨引退選勝而居敵或乘此而薄我則阻澗

依阜先爲自固之計是應卒者也而軍容既定敵未卽臨尤不難於審處百里內外將引輕騎周視流覽孰是戰場孰堪設伏孰宜先據孰當避忌因地待敵懸權而動敵躡而來勝之易矣

詭譎

兵者譎之道也以詐立以利動者也夫兵不出奇與正奇之外詭譎之名何自而立也蓋其爲術小而施之於用則鉅或以爲外愚士卒令入我彀中而不覺耳是故敵交非詭不疑敵情非譎不致敵謀非詭不誤士眾非

譎不鼓誰謂詭譎而可廢也哉若曰仁義之兵不用詭譎此宋襄成安之迹安得不敗也第詭譎之用須當度敵情揣事機達微曖料始終知情有所必至機有所必應曖有所必通局有所必結乘敵之隙舞智弄術圓而轉之神而用之初若無奇終知微妙斯巧於譎者也

陳平六出奇盡詭譎其以惡草進楚使而以太牢進亞父使項羽疑之竟不用亞父其事與慕容廆相類高句麗與段氏宇文氏共攻廆廆獨以牛酒犒宇文氏二國疑宇文與廆有謀各引歸而宇文敗此以譎

疑敵者也

李光弼寵李日月而高廷暉降

岳武穆欺諜者而曹成出此以誦致敵者也

虜圍于謹于謹有馬二匹一紫一騧使勇者乘之而出虜以爲謹而追謹乃乘閒得脫此以誦誤敵者也

田單守卽墨宣言曰吾惟恐燕軍劓所得齊卒置之前行與我戰卽墨敗矣燕人聞之如其言齊人見諸降者盡劓皆怒堅守惟恐見得單又縱反閒曰吾恐燕人掘吾城外冢墓僇先人可爲寒心燕人盡掘壟

墓燒死人卽壘人從城上望見者皆涕泣共欲出戰
怒自十倍此以譎疑敵又兼以鼓士卒者也
夫兵不厭詐何必諱言詭譎計必敵愚如騎劫暴如
項羽非素相親愛之交如宇文段氏則譎可行也蓋
愚則不復覺暴則不及察不素相親愛則疑忌易萌
巧投易中而敵無不誤矣至於士卒尤易鼓舞以吾
機術愚其耳目第可試之臨敵制勝而非上下之交
可以變詐鬼魅為也

草廬經畧卷三　　譚瑩玉生覆校

草廬經畧卷四之目

倘忍

倘整

治力

治氣

草廬經畧卷四

恩信

無名氏撰

世之論將者地位之高撻伐之威俾敵聞風遠避而已至招攜懷遠之畧則鮮有知者綏德化而先驅除謂爲勝算可乎夫豺狼之性誠不可以禮義感然善惡亦須分別則德刑還宜並施是故撫之以恩示之以信收仇敵爲腹心但在酌事宜達權變知情僞洞幽隱毋徒慕恩信之名而自貽其害也倘智不及此敵或因我廣開恩信便爾乘機挾變轉奉琛爲露刃或姦行帷幄或臨

陣反戈或暗洩軍情或竊焚糧車輜重或約賊內外咸進或設計陷誘人馬稍爾不察為患非輕此又為將者所宜預防也

羊祜鎮襄陽開市大信於吳人降者欲去皆聽之綏懷遠近甚得江漢心與敵人交兵尅期方戰不為掩襲計將帥有進詭詐之策者飲以醇酒使不得言人掠吳二兒為俘者祜遣使還其家後吳將夏詳邵顗等來降二兒之父母亦率其屬與俱吳將陳尚潘景來寇祜追斬之美其死節而厚加殯殮景尚子弟迎

喪祐以禮遣還之吳將鄧香掠夏口祐募縛香既至宥之香感恩率部曲而降自是降者前後不絶祐出軍行吳境刈穀為糧皆計所侵送絹償之每聚衆江沔遊獵常止晉地若禽獸先為吳人所傷而為晉兵所得者皆還之於是吳人翕然悅服稱為羊公而不名也陸抗每告其戍兵曰彼專為德我專為暴是不戰而自服也各保分界而已無求細利

种世衡知環州番部有牛家族奴訛者素倔強未嘗出謁郡守聞世衡至遽郊迎世衡與約明日當至其

帳往勞部落是日夕大雪深三尺左右曰地險不可往世衡曰吾方結諸羌以信不可失期遂緣險而進奴訛方臥帳中謂世衡不能至衡蹴而起奴訛大驚曰前此未有官至吾部公乃不疑我耶率其部羅拜聽命羌酋慕恩部落最強世衡常夜與飲出侍姬以覘之既而世衡起入內潛於隙中窺之慕恩竊與侍姬戲世衡出掩之慕恩慚懼請罪世衡笑曰君欲之耶卽以遺之由是得其死力諸部有二者使討之無不期剋其後百餘帳皆自歸莫敢二是皆恩信之效

也

穆宗時所以待俺答者酷與此類釋犯順之深仇禮來奔於亡子因其迎請厚遇遣還信使往來情逾父子遂令五十餘年邊靖烽息

總之恩信之施出自明智察來降之隱念不墮術而隳功有推誠以安邊無招尤而起禍不至如蔡牟岑彭之被刺郭絢李元平之致賊內應者斯爲善矣

果斷

大將臨戎制勝未有不敗於畏縮而成於剛決者故曰

用兵之害猶豫最大三軍之災生於狐疑或延攬忠告或獨攄神機參伍詳審料敵設計得策輒行豈容留滯是故不模稜而廢可底之績不後事而失可赴之機圜轉迅發決斷如流才明練達稱良將也嘗觀剛愎自用者亦未始不藉口於果斷彼其所謂斷者不度可否不聽良謀作事憒憒恣行胸臆敗所由來也夫果斷之道託基在明明則無不當矣

曹操與袁紹相持官渡許攸謂紹曰操盛兵在此許都必虛遣兵從間道襲之不勞而下奉迎天子首尾

相攻操可擒也紹疑而不用攸奔曹操勸操襲烏巢屯糧之所操卽從之紹潰夫攸事袁最久而於曹操爲新奔之虜心事未可托紹不行其言乃操不疑而用此緣袁紹多謀無斷而操能斷也荀彧郭嘉嘗謂操曰公有十勝紹有十敗紹多謀少決失在事後公得策輒行應變無窮此謀勝也將之不可無斷如此乃晉武平吳獨斷而克苻堅伐晉獨斷而亡一則以好勝而智昏一則以納忠言而明信乎斷生於明明生於從善愼無偏任己衷以執拗也

持重

六術有云號令欲嚴以威賞罰欲必以信處舍欲周以固徙舉進退欲安以重欲疾以速窺敵觀變欲潛以深欲參以伍遇敵決戰必行吾所明無行吾所疑此其說大率多持重也否者僥倖乘危輕進而易退銳於見敵事至而周章或矜已之長而為人所誘或忽人之計而嘗試其軍或變動無常急遽無漸兒戲無備過險而不戒布陣而不整置壘而不堅料敵而不審慮事弗精馭軍弗嚴決勝弗周是數者皆持重之反也明於此而反

其所爲則進不可禦退不可追暗不可襲明不可攻何
敵能謀而勝也哉
程不識之爲將也正部曲行伍營陳擊刁斗士吏治
軍簿至明而不得休息虜不得而犯之
趙衛尉之爲將也遠斥堠正部伍行則必爲戰計守
則必堅營壘先計而後戰務遠畧不務近利規畫羌
虜詳審周悉辛武賢欲人齎三十日糧分道出擊罕
幵衛尉備言其利害不爲僥倖之計皆得持重之道
也將持重則罕有所失由此而迅速也是安舒中之

敏捷而發以時也由此而詭譎也是鎮靜中之奇變而投以機也由此而果斷也是精詳中之神武而出以愼也夫亦安往而不善也哉用兵綱領全在於此

迅速

兵者機以行之者也攻其無備出其不意批亢擣虛能使敵人前行不相及眾寡不相恃貴賤不相救上下不相收者非迅速不可也故微乎微乎至於無形神乎神乎至於無聲若從天降若從地出若飛電閃爍令人倉皇四顧不可方物大要料敵欲審見機欲決原非履險

蹈危倖功於萬一者也倘虛實有未知地利有未熟敵情有未諳我勢有未審徒慕迅雷不及掩耳之名而以我之輕易當敵之有備用率孤軍深入重地欲進不能欲退不敢攻城不得擄掠無獲糧道既絕救援不通雖韓白不能善其後亦有先緩而後速者緩者令其弛備速者乘彼不虞彼既弛備而不虞我之至則往無不克發無不中也

昔者秦攻六國獨與齊好置而不攻齊亦善秦坐視六國三晉燕楚之亡而不救以爲秦好可恃也五國

亡始發兵備西境秦將王賁佯言巡守燕地自北領
兵猝入臨淄民莫敢格遂滅齊
韓世忠既滅范汝爲旋師永嘉若將休息者忽由處
信徑至豫章連營江濱數十餘里羣賊不虞其至鬨
城遂降此皆先緩而後速也
岑彭攻蜀至江州以田戎食多難卒拔留馮駿守之
自引兵乘利直至墊江破平曲公孫述使其將延岑
呂鮪王元及其弟恢拒廣漢及資中又遣其將侯丹
率萬人拒黃石彭乃多張疑兵使楊翕臧宮拒延岑

等自引兵浮江下還江州泝都江而上襲擊傒丹大破之囦晨夜倍道兼行二千餘里徑拔武陽使精騎馳擊廣都數十里勢若風雨所至皆敗散以迅速也速之道其退藏也先之以密其偵敵也知之以悉其欲得也操之以必藏之不密敵知備偵之不悉投無益操之不必失所恃也深入而失恃吾不知所終矣

貴和

吳子曰不和於國不可以出軍不和於軍不可以出陣不和於陣不可以進戰不和於戰不可以決勝信乎師

克在和也三軍既和上下一心貴賤同力勝則相讓以歸功敗則各引以爲過投之所往如臂之使指可合而不可離是謂父子之兵也其不和者有善歸己有失歸人有功則爭有急不救名位顛頗妒忌相仍羣帥猜疑上下攜二卽倖勝焉敗可立待也然和輯之法常在主將勢位相忘過失相隱強弱不較嫌隙不生人有不及可以情恕非意相干可以理遣主之以仁義佐之以忠恕出之以謙恭成之以遜讓猶曰有不和者吾勿信矣

韋叡與魏時胡景畧與前軍趙祖悅同軍交惡志相

陷害景畧一怒自齧齒齒皆流血叡以將帥不和將
至恚禍酗酒自勸景畧曰且願二虎勿復私鬬故終
於此役得無害然
魏攻徐州征北將軍曹景宗拒之無功乃詔叡會焉
時景宗久貴帝敕景宗曰韋叡卿鄉里宜善奉之見
叡甚謹帝聞曰二將和師必濟矣卒破魏人百萬眾
吳陸遜禦劉先主於夷陵時諸將皆耆舊或公室貴
戚各自矜持不相聽從遜每優容之及破先主諸將
乃服權問之曰君初何以不啓諸將違節度者耶遜

曰臣受恩深重任過其才諸將或任腹心或堪爪牙或是功臣皆國家所當與共定大事者臣雖駑懦竊慕相如寇恂相下之義以濟國事權大喜稱善此皆以和而成功者也

隱公十年秋七月鄭人入郊猶在郊宋人衛人入鄭蔡人從之伐戴八月壬戌鄭伯圍戴癸亥克之取三師焉宋衛既入鄭而以伐戴召蔡人蔡人怒故不和而敗

馬燧與李抱眞同奉命攻魏博李抱眞殺懷州刺史

楊鉥鉥奔燧燧奏其非罪乃免抱眞怒乃共解邢州
圍獲單糧燧自有之以餘給抱眞軍抱眞諠怒洹之
捷軍進薄魏田悅以突騎犯燧營李艽救之擒抱眞
不平請獨當一面由是逗遛帝數遣使謀解不聽王
武俊掠趙地抱眞分麾下二千人戍邢燧怒謂抱眞
以兵還守其地我能獨戰死耶將引還李晟和之乃
罷議者謂燧私忿交惡卒未成大功此皆不和而僨
事者也今之患正在於此經撫不和故臨敵相觀望
戶兵不和故取費爭持籌言路不和故議論不歸一

天下事本一家事乃各立一門各置一喙不致於潰決不已者誠不知何所見也正吳子所謂不和於國不和於軍豈亦能和於戰陣乎故決勝之難也

倘暇

大敵在前干戈倥偬將無疾言又無動色神情悠適有如平日自非器局宏遠城府深密有以養至勇於至恬者而能若是乎故其與寇對壘意思安閒如不欲戰及臨機決策氣勢磅礴揮霍如流自是高人頭地倘終日皇皇心懷意亂事至而驚罔知攸措徒勞而持拙此庸

將也然至暇之術非可矯情鎮物妙在綽有主張主張既定物不能移可以試之震蕩而不驚可以試之紛紜而不擾可以試之盤根錯節而不留滯由是三軍之士見吾將之從容自如也莫不有所恃而不恐有所依而思奮是皆閒暇以成其功者也

晉使張骼輔躒致楚師求御於鄭鄭卜以射犬御吉子太叔戒之曰大國之人不可與也對曰無有眾寡其上也二子在幄坐射犬於外既食而後食之使御廣車而行將及楚師而後從之乘皆踞轉而鼓琴近

不告而馳之皆取冑於櫜而冑入壘皆下搏人以投收禽挾囚弗待而出皆超乘抽弓而射既免復踞而鼓琴楚重問晉國之勇於欒鍼鍼曰好以眾整曰又何如曰好以暇

宗澤爲汴京留守金人來侵自鄭抵白沙去汴京密邇都人震恐澤對客奕棋笑曰何事張皇劉衍等在外必能禦敵徐選精鋭出擊敗之

晉大夫致師而鼓琴以暇而示勇也宗澤當危而閒暇以暇而安眾也蓋兵者死地人心方危而將亦危

疑皇遽失其常度轉相搖動潰散因之故亞夫軍中夜驚擁被而堅卧自若安石大敵方至而圍棋賭墅大爲有見

尙靜

夫三軍之事囂則亂靜則治必至之理也以靜待譁以治待亂未有不勝者也顧萬眾紛然致靜爲難非大將號令之嚴束約之豫何能轉致紛爲至寂乎靜之說不獨臨敵在陣爲然卽平居市井閭里之同羣道路關津之歷涉莫不皆然就中進止分合科條多告誡明第許

耳聆將令目視旌旗有妄出一語者必按軍法是故非嚴刑不靜非節制不靜非主將靜以鎮之又不能靜致靜之由固未可求之旦夕間也

晉楚鄢陵之戰郤至曰楚有六間不可失也其二卿相惡士卒以厲鄭陳而不整蠻軍而不陳陳不違晦在陳而囂合而加囂各顧其後莫有鬭心我必克之楚果敗

安太淸與周摯合衆三萬攻北城登陣望曰彼軍雖銳然方陣而囂不足虞也日中當破乃出戰此兩人

者皆敵之不靜也

宋將曹瑋初守邊時山東知名士賈同造瑋客外舍瑋欲按邊卽同舍邀與俱同問從兵安在曰已具出旣出就騎見甲士三千環列初不聞人馬聲同歸語人曰瑋名將也

劉錡之在順昌也金兵數十萬營西北亘十五里每暮夜鼓聲震山谷然營中讙譁終夜有聲金遣人近城竊聽城中肅然無聲此兩人皆能靜者也靜則定而致服耳目不驚心志不亂志氣漸張齊勇若一而

所以奮擊必前者此也故治軍者主靜而審敵者亦覘其靜囂而可知強弱勝負之分

尚祕

兵者機事也機不深藏使士卒得窺其際敵人聞之而預備矣故兵之所加兵不先知且示安暇偵敵無備然後速進此進師之祕也至若陰謀奇計夢寐之間猶恐宣洩務令幽深元遠莫可端倪則鬼神不能窺智者不能謀然後惟吾之所爲無不如意有時祕藏如處女有時飄忽如風雷有時羣言交非而我不求是有時任怨

任疑而我不求白蓋智在人先機關難以告人也或博訪羣帥咨訪僉謀亦不得彰明播露陽棄陰收顛倒不測軍士靜以俟其是之謂乎

國朝三廣公陶督爲兩廣保障四十餘年其行兵不令人知或先半年調兵食或先數月運軍械多疑兵多屯寨戍守調兵多寡無常數運粮聚兵惟曰戍守賊懼爲之備或屯兵不進賊懈弛備或屯久不得耕以食或即數路進兵賊奔不及亦不能戰而殪督行兵檄禆將不先知惟檄面署曰某封某日某時發及

發乃知進兵卽數路如期至賊亦不及備而殪故魯征賊賊無遁常宴賓客樽俎未撤馘賊以報捷坐客駭愕且賀曰陶公神算云魯歿後兩廣賊熾有司不以時聞禍慘乃議征司道上撫按撫按復數月議乃復奏復數月乃得報征又數月乃集兵比集兵賊已遁山谷乃戮逋賊之良民以爲功兵退賞未頒而賊已復出矣

沈希儀參府柳州柳離城五里皆蠻夷巢穴賊之耳目遍官府左右動息皆知儀或討某溪洞至期鳴砲

者三則諸軍皆集謂之曰今日出某門而遣腹心爲旗頭引諸軍軍隨旗頭而行莫知所之問旗頭旗頭曰我亦漫往耳軍行十萬人其所往獨希儀與旗頭兩人知之而已是以賊不及備輒有功舊制始議發兵必請督府督府檄下乃發希儀以爲吾治文書吾掾吏知之文書上府檄下掾知之人知則洩又柳去督府千里待報踰時坐失機會且恐檄書往來爲賊所得於是凡率兵入巢未嘗先請既勝則上首虜而以邂逅邊賊爲解

戚繼光自浙奉命平福建倭賊徘徊建寧道上下不進人謂將軍新將兵而逗遛禍難未可知也未幾乘北風渡水一日抵大義詰朝而殲牛田之倭於是莆陽守令率父老迎將軍將軍固遜曰我奉命牛田耳不聞莆陽無已請借莆陽休士俟命可乎及暮方入莆詰朝而林墩之倭又殲矣諸如此類倘祕者也而其妙又在知之以素發之以速窺敵不素則不能知其懈弛無備發機不速則無以令其應接不支我以偵敵固深敵之偵我亦密惟默籌之精捷應之巧者

乃勝焉則信乎尙祕爲兵家第一義也

尙忍

從來兵家之所敗由其將之急於求逞也好逞則可以激而怒可以誘而來可以擾而勞可以籠絡之玩弄之俾其輕動焉墮我術中而不覺此非大受之器也將之堪大受者銷剛爲柔泯強爲弱激焉而弗怒誘焉而弗動辱焉而弗慚堅忍寧耐藏謀不測弗惑羣議及其敵狃而欺莫爲之備方始乘隙而出應機而動突然忽然人莫能禦一舉而收全功者是由其先之所見甚明所

圖甚大不屑爲一擲而已孫子曰始如處女敵人開戶後如脫兎敵不及拒其是之謂歟

晉江夏太守楊珉問騎督朱伺曰將軍前後擊賊何以常勝伺曰兩軍相對惟能忍之彼不能忍是以勝耳珉善之

吳陸遜禦蜀堅壁不出蜀人詈之遜令諸軍塞耳勿聽諸將不平悉請戰遜不從諸將嘵嘵不已遜曰僕雖書生受命主上國家所以屈諸軍使相承望者以僕有尺寸可取能忍辱負重故也蜀破諸將乃服

隋太僕楊義臣討張金稱義臣引兵至永濟渠為營去金稱營四十里深溝高壘不與戰金稱日引兵至義臣勒兵環甲約與之戰既而不出如是月餘金稱以為怯屢逼其營詈罵之義臣乃謂曰汝明旦來我等必戰金稱易之不復設備義臣簡精兵二千夜自館陶濟河伺金稱離營即入擊其重壘金稱引還義臣從後擊之遂滅金稱

蓋敵人對角之初謀慮精專警守無懈我忍而不出嚴以俟之不得我便兵疲意沮氣索備弛況復驕橫

內萌虛實外露而吾之力方蓄氣方銳乘閒而出直等摧枯耳李牧之滅匈奴正得此法

尙整

軍之常勝而無敗者以整故也整則部陣肅齊隊伍森列鼓之而往無一人敢後者是謂節制之兵故戰無不克第其練習不可不豫要在平日操之以陣隊與隊相比伍與伍相耦人與人相儔矩步之閒不失尺寸行則以此爲序居則以此爲營戰則以此爲陣旣無縱橫不一行止自由或先而後或後而先者有誅無赦以此而

遇敵俱依故法號令一出軍陣立成星羅棋布敵人望之而氣奪然尚整之說以正陣言也即出奇制勝難以拘常分合進退蹤跡不測要亦井井然條理自如所謂雖絶成陣雖散成行也就中切要之妙總在分數孫子曰治眾如治寡分數是也故韓信多多益善止是分數之明

齊宋共兵攻魯師次於郎魯公子偃曰宋師不整可敗也宋敗齊必還魯莊公弗許自雩門竊出蒙皐比而犯之公從之大敗宋師於乘邱

魏武救襄樊時諸軍皆集魏武按行諸營士卒咸離陣獨徐晃軍營整齊將士駐陣不動武帝嘆曰徐將軍可謂有周亞夫之風矣

余玠按嘉定都統王夔率所部迎謁有羸弱兵二百玠曰久聞都統兵精今疲敝若此殊不稱所望夔曰兵非不精所以不敢卽見者恐驚從人耳頃之乃盡見其兵班聲如雷江水爲沸聲止圓陣卽合旂幟精明器械森然沙上之人望若林立無一人敢亂行者舟中皆戰掉失色而玠自若也卽此見王夔治兵之

整紀律之嚴夫晉人之自許也曰好以整而其論楚之可擊也曰鄭陳而不整整爲兵家之首務也明矣竊嘗因我朝兵制而默思整之之法高皇帝所立兵制大約以五千六百人爲一衛以一千一百二十人爲一千戶所一百一十二人爲一百戶所設總旗二人小旗十人則以自總小旗外止百人也五人爲伍二伍十人則以小旗領之十伍爲隊總旗領之二隊爲一百戶所蓋二十伍也百戶領之十百戶爲一千戶所蓋二百伍也正副千戶二人領之五千戶所爲

一衛蓋千伍也指揮領之一衛之兵分左右中前後所屯營置陣前者居前後者居後左者居左右者居右中者居中兵出途間前所前行右所次之中所次右所左所次中所後所次左所蓋兵家以右爲先者前所之兵一百戸先行次二百戸次三百戸次四百戸次五百戸次六百戸次七百戸次八百戸次九百戸次十百戸五所皆如此例一百戸之兵右隊先行左隊次之十百戸之兵皆如此例右隊之兵一伍先行次二伍次三伍次四伍次五伍次六伍次七伍次

八伍次九伍次十伍左隊一如此例一伍之兵亦分
一二三四五之序伍伍皆如此例人人照序亂序者
誅伍伍皆然亂伍者誅與敵相近則伍伍排列而行
不得似前以人分先後是雖散成行也或各百戶結
隊森列而行或各千戶結陣森列而行不得似前以
伍分先後是雖絕成陣也或一衞之兵結一大陣森
列而行不得似前以所分先後俱視敵人之遠近地
形之廣狹相機而動如軍行境內遇夜投宿則同伍
之人各同一家同隊同所之人各同一處不得混亂

違令者誅營中屯駐之法照左右前後中所各守信地所之隊隊之伍伍之人俱照原列不許擅相錯雜擅自閒遊違令者誅布陣亦如屯營之法各守應管信地人人俱照原舊隊伍森列遠近疎密俱有尺度參差不齊者誅小旗各整其伍總旗各整其隊百戸各整其陣千戸各整其軍是以號令一出軍陣立成也同伍之人有闕卽補不得更易平素同飲食同禍福同行同樂生同和死同哀卽與我鄰伍之人其情之綢繆亦如同伍也相親相睦也有如兄弟是以守

則同固戰則同強晝則目相視足以相識夜戰聲相聞可以不乖如同舟遇風緩急相救原不可解所謂人自為戰也且使奸細無所容是尚整之效而反此者將無定軍軍無定伍號令未習儕類未分無論烏合難整還令奸宄易入如此而戰勝者未之有也故整治之法非曰臨時必須有豫

治力

以近待遠以佚待勞以飽待饑以誘待來以靜待譟以重待輕以嚴待懈以治待亂以守待攻是九者兵家治

力之法也大要使我力常完敵力常歉自不能敵然我力常完矣或戰當歉時貴有以使之完敵力歉矣或當完時貴有以使之歉其要在勞敵而我仍善息也勞敵則敵之力常處其不足善息則我之力常處其有餘第善息還宜善用勞敵必先誤敵誤之而不得暇我始蓄力以擊之勝斯易矣

王翦率六十萬人伐荆荆聞王翦益軍來悉國中兵以拒秦翦堅壁不出荆兵挑戰翦不出日休士洗沐而善飲食撫循之荆軍數挑戰不出荆軍乃引兵而

東窮令壯士追擊大破之是以重待輕也

劉錡順昌之戰時方暑甚兀朮遠來兵不解甲錡騎皆更番休息方戰時餉戰士如平時此以逸待勞也

韋孝寬守玉壁齊神武悉山東之眾以攻之久而不克使人說之降孝寬曰攻者自勞守者自佚韋孝寬關西男子不為降將軍也此以近待遠以守待攻也

任福敗績於好水川兵出趨利所以甚敗此以誘待來也

夫遠者來者攻者客也近者誘者守者主也主兵安

坐以致人故佚者飽者靜者重者嚴者治者常在主客兵爲人所致故勞者饑者躁者輕者懈者亂者常在客是以善戰者致人而不致於人也今之將家動輒爲人所致卷甲趨戰欲不勞也難矣轉餉而食欲不饑也難矣移徙無常士心罔定蹻足俟戰銳挫備弛欲不輕且躁懈且亂也難矣客主之勢原自不敵將常使我爲主敵爲客不則我雖爲客而反客爲主敵雖爲主而反主爲客斯得勝算矣

治氣

嘗謂尉繚之書謂國之所以戰者民也民之所以戰者氣也氣實則鬬氣奪則走誠是矣而七書獨不言養氣吳子氣機雖少露之而不竟其說是窮其流而不溯其源也何也兵勝在氣勝士能負氣而不能自司其氣氣有消有長在司氣者治之何如耳人之壯氣值大戰後敗則必挫卽全捷而氣必洩後漸漸蓄之漸漸鼓之養之使盛以圖再舉庶幾常盈而不竭矣司氣之道休眾享士大將鼓舞而率作之俾相勉以忠義相賢以威武相勸以建績相激以犯難相慚以無功相恥以退卻相

怒以敵驕相指以敵脃人人無不背裂髮竪萬夫必往則氣斯勝矣吳子曰三軍之衆百萬之師張弛輕重在於一人是謂氣機誠哉是言將固不可違其責矣爲將不佝節制豈能盡諳養氣之說第曰朝氣銳晝氣惰暮氣歸善用兵者避其銳氣擊其惰氣夫是之謂治氣而已豈能推廣其義發古人未盡之旨也哉

吳起以三行享士大夫士不待吏令而奮擊秦者以數萬是相慚以無功也

李晟討朱泚芻糧既具乃下令軍中曰國家多難乘

輿播遷見危死節是吾之分公等此時不誅元凶取富貴非豪傑也渭橋斷賊首尾吾欲與公等戮力一心建不世之功可乎士皆奮泣曰惟公命晟家爲賊質左右有言及者晟泣數行下曰陛下安在而顧恤家乎是時朱泚李懷光連兵聲勢甚盛車駕南幸人情擾擾晟以孤軍處兩強寇之閒內無資糧外無救援徒以忠義感士故其衆雖單弱而銳氣不衰是相勉以忠也

韓世忠鎮楚州將士有怯戰者世忠遺以巾幗設樂

大宴俾婦人妝以恥之故人人奮發是相慚以退怯也

偽吳李伯昇率二十萬寇新州諸將以衆寡不敵欲避之李文忠曰以衆則我非彼敵以謀則彼非我敵死中求生正在今日何避之有乃下令曰彼衆而驕我少而銳以銳當驕可一戰而擒擒敵之後輜重皆汝等有也明日交戰文忠復仰天誓曰朝廷大事在此一舉豈敢愛生以緩三軍遂馳而進將士呼聲動天地莫不以一當百斬首萬數是激以犯難也

三軍氣盛舉而用之電掃星馳誰能抗禦如值屢敗之後人心怯弱懲熱吹齏語及交鋒面無人色遽欲治之使盛必非旦夕可能便當據險守要堅壁不出休眾習戰多方撫養使其心神暫定氣魄漸完然後窺敵之隙相機而投未圖大勝先務小覬再四試之人情欣悅而為大將者又加以鼓舞率作則可以轉弱為強易餒為壯倘其氣既以摧而復用之不止必且望風奔北其何能免輿尸之咎乎

草廬經畧卷四

譚瑩玉生覆校

草廬經畧卷五之目

退兵

草廬經畧卷五

無名氏撰

用衆

從古用百萬之師戰必勝而攻必取者良將也第衆不難於聚而難於用有衆而不善用之則敗用衆之道宜易地宜整治宜持重宜分拆故李靖曰分不分爲縻軍夫以十倍於敵而致敗者皆緣合而不知分也嘗稽古人大衆之陣有橫亘數里或十數里或數十里者人衆則易亂擊前則後不知擊左則右不知萬一不利輒相貽誤容易潰散況將帥不專分數不明者乎則甲兵糧

餉適足爲敵資也假令敵一而我十則以二爲正兵而以八爲奇兵或獵其左右或衝其正中或擊其後陣或斷其援兵或伏其奔路或襲其營寨而抄其輜重糧餉其餘屯據老營以爲家計設伏陣後以備不虞而正兵以强弩勁弓火器堅陣以待不必責以輕進第使敵雖銳無能衝入俟我奇兵四合敵必奔逃然後正兵拔陣而追務期殄滅蓋始以正兵綴之而終以奇兵勝之也且甲士雖衆更宜權歸一人號令進止不撓二三庶諸將協力無敢觀望而不前者大將統偏裨偏裨統部曲

部曲統卒伍分數井井如此即百萬之衆亦何難用哉

李牧擊匈奴選車得千三百乘選騎得萬三千匹百金之士五萬人入彀者十萬人多爲奇陣張左右翼誘而擊之大破匈奴

魏王冉閔圍襄國姚襄石琨及燕悅綰皆引兵救之其勢甚衆閔勇甚而兵精欲自出擊之將軍王泰諫曰今襄未下外救雲集若我出戰必腹背受敵此敗道也不若固壘以挫其銳徐伺隙以擊之閔不從出與襄戰悅綰以燕兵至去魏數里疏布騎卒曳柴揚

麾魏人望之恂懼襄綰琨三面擊之魏兵大敗閔十
餘騎走還鄴
李牧悅綰等其衆雖多而能爲奇陣以分擊者也如
劉曜之敗於洛陽苻堅之敗於淝水楊元感之敗於
潼關皆因其衆結一大陣不知分而爲奇也
唐以郭子儀李光弼及諸道節度使六十餘萬人討
安慶緒上以子儀光弼皆元帥難相統攝故不置元
帥止以宦者魚朝恩爲觀軍容使以監之王師衆而
無統進退皆顧望史思明乘之遂大潰此用衆而權

不歸一者也

夫提數十萬之卒與强敵爭衡固以分而不以聚然合者其屯駐之常而分者其破敵之暫也屯駐分別號令難通聲勢不接敵聚而攻一營受敵急應不能一營旣破衆營搖動卽使分屯要害扼其吭而擊其肘睨其旁而尾其後要宜周悉聯絡糧道通而脣齒固靜可守而動可攻以正堅守以奇出戰毋爲僥倖之計可也

用寡

兵在精不在多我之師誠銳矣寡亦何常不可勝敵哉顧其將之智勇何如耳用寡者宜險隘宜昏夜宜短兵宜致死宜進退迅速宜煩數變化宜置陣堅固宜撤備而不爲自保之計險阻則敵有所備不得施夜戰則敵不測我之多寡短兵則深入敵陣而薄敵致死則敵百不能當我之一疾速則敵捍禦不知我向陣固則敵無由乘我之隙撤備則士無倖生之心於是而衝其中軍出其後陣往復擊搏橫蹂其衆力戰不已使敵人前後不能相及左右不能相救上下不能相保則其陣必亂

其眾必敗雖大敵不難破矣
宋華氏作亂華登吳師已人齊烏枝謂宋君曰彼眾我寡用少莫如齊致死致死莫如去備而用短兵請皆用劍遂破華登
陳慶之攻魏滎陽未拔魏將元天穆等至梁之士卒皆恐慶之解鞍秣馬諭將士曰彼等殺人父子掠人子女多矣天穆之罪皆仇讐也然我眾纔七千虜三十餘萬今日惟有必死乃可得生當其未盡至時急取其城而據之耳乃鼓而入其城俄而天穆引兵圍

城慶之力戰破之此皆致死以取勝者也

葛榮引兵圍鄴衆號百萬爾朱榮帥精兵七千倍道兼行東出滏口以侯景為前驅葛榮曰此易與耳自鄴以北列陣數十里箕張而進爾朱榮潛居山谷為奇兵督將以上三人為一處處有數百騎揚塵鼓譟使敵不測多少又以人馬逼逐刀不如棒勑軍士各齎短棒一枚於馬側至戰處廢騰逐不聽斬級以棒棒之而已分布壯勇所向衝突號令嚴明戰士同奮榮身自陷陣出於賊後表裏合擊大破之擒葛榮餘

衆悉降縱其所之羣情大喜數十萬衆一朝盡散待出百里之外乃使分道押領隨便安置夫爾朱榮之慮廢騰逐進退疾速也潛兵分衆煩數變化也身自陷陣致死於敵也深得用寡之道

廣西荔浦賊八千餘渡江而東寇沈希儀以五百人待於江岸駐白面寨去蛟龍滑石兩灘各數里諜者告賊飽而歸將及江儀曰滑石灘狹牽線而濟雖衆可薄也蛟龍灘闊成列而濟衆難圖矣吾將奪其闊而致之狹令製旗軍中無尺布伐岸竹揭竿而編篾

以爲繆頃刻成數百旗樹之蛟龍灘使羸卒數十守之燃柴烟以疑賊賊至果避蛟龍趨滑石儀分兵伏兩岸而潛以勁卒乘艦伏葭葦之中賊濟且半水陸夾攻賊後行擠擁墜淵其前行悉俘之是用寡宜險阻也

用寡而勝雖緣將勇兵精亦須審敵虛實或偵其無備或乘其饑疲或敵衆雖集而衆志未協法令未齊士情疑沮妖祥數起地利又失天時未得吾兵縱少第使齊勇致一必也前無勁敵古以寡而克衆者無

如白起岳武穆誠得此道也

正兵

正兵之說亦紛然矣有以聚爲正分爲奇有以前向爲正後却爲奇有以先出合戰爲正後出爲奇有以受之於君爲正將所自出爲奇而曹公新書則以旁擊爲奇是向正中者爲正矣又云已二而敵一則以一術爲奇一術爲正已五而敵一則以二術爲正三術爲奇茲數說者皆是也孫子曰奇正相生如循環之無端旨哉其言乎而李靖又以正而無奇則守將也奇而無正則鬭

將也又曰敵實則我必以正敵虛則我必以奇是又判然各出而非相生之謂也大抵善用兵之將無不是正無不是奇諸家之說奇正之常也孫子之言奇正之變也非道其常不足以辨奇正非極其變不足以盡奇正之妙也兵正者其陣堂堂其隊整整退如山移進如不可當前却有節左右應麾可以更休而迭戰可以致遠而無弊敵人卒來撼之而不動敵人暗襲當之而不亂由此而變化不測倏忽無常是以正生奇也紛紛紜紜鬬亂而不可亂混混沌沌形圓而不可敗是以奇歸於

正也奇正之用其無窮矣唐太宗命李靖伐高麗靖請兵三萬曰兵少地遙何術臨之靖曰以正兵太宗曰平突厥用奇正今言正兵何也靖曰諸葛亮七擒孟獲無他道也正兵而已矣太宗曰晉馬隆討涼州亦是依八陣圖作偏箱車地廣則用鹿角車營路狹則木屋施於車上且戰且前信乎正兵古人所重也靖曰臣討突厥西行數千里若非正兵安能致遠偏箱鹿角之大要一則治力一則前拒一則束部伍三者迭相為用斯馬隆所得

古法深矣觀礡所言馬隆治力前拒部伍之說而可得正兵之義矣正兵入人之境部陣整齊不煩擾輕動是治力矣且戰且前是束部伍矣力足部整徐徐而進未有不勝者眞致遠之道也

奇兵

兵險謀也其所擊之處或緩或速或分或合或怯或進或左或右或前或後或隱或顯或圍或解或動九天或藏九淵因應投機變故萬端大都愚弄敵人伺隙而發攻其無備出其不意也兵無奇不勝故將非奇不戰所

謂勝兵先勝而後求戰也敗兵先戰而後求勝者是其將不知用奇止爭勝負於一戰之間卽勝也倖而勝耳善用兵者臨陣出奇因敵制勝敵無常形勢自然之理也

吐蕃寇渭源王晙率兵禦之吐蕃十萬屯大來谷晙選勇士七百衣胡服夜襲之多置鼓角於其後前軍遇敵大呼後人鼓角應之虜以爲大軍至驚懼自相殺傷死者萬計此以隱擊之也

晉伐吳杜預遣周旨等率兵八百汎舟夜渡以襲樂

鄉多張旂幟起火巴山出於要害之地以奪賊心吳都督孫歆震恐與武延書曰北來諸軍乃飛渡江也旨等伏兵隨軍而入歆不覺直至帳下虜歆而還此合隱顯而並用也

种師道知渭州督諸道兵城佛口敵至堅壘葫蘆河師道陣兵於河滸若將決戰者陰遣偏將曲完徑出橫嶺揚言兵至敵方駭顧楊世可濟軍衝其後姚平仲以精兵襲擊敵大潰斬首五千級卒城而還此合前後隱顯而俱用也

沐英攻大理時理倚點蒼山臨洱河以爲固南詔皮羅閣所築龍頭龍尾上下二關險要土酋段世閉王師且至聚衆五萬扼下關英自將攻之牢不可破乃命王弼以兵由洱水東趨上關爲犄角勢別遣胡海將一軍夜從間道渡河繞河出點蒼山後攀木緣岸而上立我麾旂遲明我軍踴躍譟呼斬關而入海帥上山軍下攻之賊腹背受敵遂潰此隱顯分合前後之俱用也

靖難時遼東守將楊文引兵圍永平成祖遣劉江率

眾救之謂江曰爾至永平賊必遁還山海第揚言還師北平既出則以卷旂囊甲乘夜復入敵問爾還必復來侵速出擊之必捷江如其諭遂敗遼兵此以退爲進也

車兵

戰陣之以車也最盛於春秋戰國時乃今世誚建車之議者謂之鷓鴣車言行不得也夫豈古今之異宜時勢之格也哉良由古之人皆用之今人罕用耳從來明智能創制物始況古法昭然可遂廢置而不講乎勝地死

地之說詳見六韜固應熟曉而所以陷堅陣强敵遮奔北制衝突者誠莫如車行則以爲陣居則以爲營糗糧器械俱恃以載而士享其逸車之利誠溥矣登車而戰有進有退强弩神鎗機銃砲石更發迭注威及數百步外敵逼則以長槊巨斧臨之且戰且進敵騎雖勁車上勢高我俯而擊彼仰而禦泰山壓卵敵騎敢當者誰其布陣也欲密以固其時行也宜陽而燥推之以人則操縱自如非若駕牛駕馬者急切不能取調於物造之欲堅斯可致遠蔽之牛革鐵裹則刀箭不能及其身捍鹵

騎卻蹂躪計無踰此如以古法不可行於今則韋叡魏勝何以皆用之而制勝但宜雜步騎相機取勝而以車爲家計籍以自守敵雖强吾步騎有所恃而不恐斯可以無敗矣且合火器弩砲俱有所憑而不慮敵之衝突以致用盡不能再裝欲發有所不及然必地平如砥乃可用之而戰車輜重車又自有別戰車固以人駕之輜重車則駕以牛馬遇賊戰酣我欲少息連車環外人穩其中周布森列乘隙而出此有足之城不飼之馬也運用之法旣審地勢又防火攻更慮設險以誘陷我敵或

拒遏亦須預備解脫之計詳審詭伏之奸不容輕忽也
衛靑擊胡出塞千里單于逐北遠其輜重以精兵待幕下靑見單于兵陣而待於是以武剛車自環爲營而縱五千騎擊之靑老成之將因單于有備故先立家計以防衝突然後從容出擊之
韋叡邵陽之戰魏驍將楊大眼以萬餘騎來戰叡結車爲陣大眼不能入車上萬弩俱發洞甲穿中而走是以車制突也
魏勝守海州常自創如意車數百輛砲車數十輛車

上爲獸面大旂牌木槍數十垂氊幕轅牌每車用二人推轂可蔽五十人行則載輜重器械衣甲止則爲營卦搭如城壘人馬不能進遇敵又可以禦箭列陣則如意車在外以旂蔽幛弓車當陣門其上置牀子弩矢大如鑿一矢能射數人發三矢可射百步砲車在陣中施矢石砲亦可發二百步兩陣相近則陣間發弩箭砲石近陣門則刀斧槍手突出交陣則出騎兵兩向掩擊得捷則拔陣追襲稍怯則入陣憩息士卒不疲進退俱利何便出擊慮有拒遏預爲解脫計

夜習不使人見以其製上於朝詔諸軍遵其式造焉靖康間統制官張行中所創戰車兩竿雙轂上載弓弩又設皮籬以捍矢石下設鐵裙以衛人足長兵禦人短兵禦馬傷設鐵索行布以陣止聯爲營每車用卒二十有五人四車百人以五之一爲輜重乃衛兵伴當八十乘即布方陣四面各二十乘而輜重居其中此與魏勝制同皆出近代而非古制之不可施於今也至於防火攻則古有車上貯水者防陷則預先令人察地形或以重物試之防掘塹置物以拒遏物

則令人去之防塹則軍中預設木板以安人足遇之
則布板渡輪而過蓋臨陣掘塹必不甚廣故板可渡
也
憲宗時本兵余子俊上疏曰自古命將出師誅暴禁
亂見可而進知難而退進退之間非車不可臣奉命
以來熟察大同地面山川平曠宣府地方一半相等
門庭寇至車戰爲宜爲今之計大率以萬人爲一軍
戰車五百餘輛一車用步軍十人駕挽行則從以爲
陣止則橫以爲營車之空處用鹿角柗木補塞凡戰

士器械不勞馬駝乾糧不煩自齎虜合衆對壘彼用弓矢止有百步技能我用神鎗火砲動有三四百步威勢如相持過久彼將分散搶掠我則出兵或首遏其驕橫或尾擊其惰歸前項車營取便策應運有足之城不飼之馬此億萬年守邊簡易之良法也從之造戰車數十輛爲練武圖以教士卒焉

騎兵

兵之不能敵騎也明矣爲將多用騎以出奇取其神速也騎之用可以衝突可以掩襲可以追逐可以攻堅可

以侵掠布陣淺草介而馳之別徑奇道趨而出之迅速倏忽須臾數里戰酣之際鐵騎蹂躪入其中單襲其左右薄其前後索擾橫突出而復入敵雖强行陣必亂險阻傾側宜避而遠平原曠野宜利而就調其水草習其馳逐與敵相對尤宜覘機而動愼勿輕用以致煩勞至于十勝九敗之論武成王已言之爲將者不可不知也

慕容恪追及冉閔於魏昌之廉臺閔所將多步兵將趨林中恪參軍高開曰吾騎兵利平地若閔得入林不可復制宜亟遣輕騎邀之既合而佯走誘至平地

然後可擊也格從之閔兵還就平地遂敗

周德威救趙遇梁兵於柏鄉莊宗欲戰德威曰不然趙人能城守而不能野戰吾之取勝利在騎兵平川曠野騎兵之所長也今吾軍於河上迫賊營門非吾用長之地也莊宗乃退兵鄗邑平廣之地德威誘梁兵來戰遂勝之

李成與岳武穆左列騎於江岸右置步於平曠飛曰騎兵利平坦步兵利險阻今成左列騎於江岸右置步於平曠雖眾十萬何能為乃以長槍步兵擊其騎

以步兵騎兵擊其步戰馬皆應槍而斃擁隆江岸此騎兵利易地之證也

唐蘇定方討都曼選精卒萬騎三路襲之晝夜馳三百里至其所都曼計窮遂降此騎兵迅速之驗也

馬燧在河東騎士單弱乃悉召牧馬廝役得數千人教之數月皆爲精騎此因其所長而教之也故其教易成與教捍卒爲水兵同騎兵固利平地而破騎之法或以長鎗先斃其馬或以牌遮馬上兵刃而以刃斫馬足其馬既蹶則馬上之卒爲無用矣此法尤利

險阻之地或列鐵蒺藜與三刃一脚之鐵釘於地俾敵騎踐之其破鐵騎宋人多用長柄巨斧上揕人胸下斫馬足蓋鐵甲騎兵兵刃難傷故利用巨斧中之未有不骨折者鐵蒺藜與三刃鐵釘晝則置之草中黑地險狹亦可蓋夜戰敵不見險則敵不散能於此地誘之使來或以神鎗火砲强弩勁弓逼而逐之伏鋭卒於旁乘其顚而擊之蒺藜形圖在紀效新書而三刃一脚之鐵釘其三刃曲而上虛其中以安斧首脚直而下以斧擊之俾入地焉刃長寸餘脚長三寸

餘入地中牢不可拔此器可以陷人亦可以布營外爲固守計郭登大同患騎之難制也造攪地龍飛天網發其機自相衝擊頃刻數十里皆陷亦破騎良策

步兵

大將統軍車騎恆少步卒恆多勿謂步卒八人僅可當一騎八十人可當一車顧用之者何如耳戰於易地劍戟刀矛長短之間用以相雜所謂長以衞短短以救長也戰於險地則刀盾居前與敵相逼去就相薄以殺爲務所謂用短兵莫如齊致死也遊弩往來相機而發陣

勢密布堅不可入隊伍森列尺寸不爽交鋒之際火器弓弩引滿而待遇敵相近火器先發弓弩次之戰士分坐作進退坐者休息作者待戰進者接刃退者倦休循環不已氣閑心一兵力不疲此卽司馬法所謂以坐固也吳璘疊陣法亦與此同亦有分爲兩隊者前者接戰後者待戰接戰者致死向敵待戰者整隊以俟番休代換俱聽金鼓庶士氣常新恆有餘勇以制敵之敝戚繼光常勝亦此法也騎兵或具則以步兵爲陣心騎兵爲羽翼伺隙而馳我步彼騎避易擊險先據高阜攢鋒外

向則敵衝突莫施有勝無敗此步訣也

段熲征羌遇先零諸種於逢義山虜兵盛熲眾恐甚熲乃令步卒萬人張鏃利刃長矛三軍挾以強弩列輕騎為右左翼激怒步兵將曰今去家數千里進則事成走則必死努力共功名因大呼眾皆應聲騰赴熲馳騎於旁突而擊之虜大潰

蘇定方征賀魯至曳咥河虜率十姓十萬拒戰輕定方兵少舒左右翼包之定方令卒據高攢矟外向親引勁騎陣原北賊三突步陣不能入定方因其亂擊

之斬首數萬級

李嗣業謂郭子儀曰今日不蹈萬死取一生則軍無餘類乃力戰而陣復整仍以步卒二千人執陌刀長柯斧如堵而進所向無敵

王德柘皋破兀朮亦是此法夫堅甲利刃長短相雜涉阻越險去就相薄固步戰事而練之之術則有成法焉其練足也囊米或沙束之於足積久而去則輕捷矣練手則以重甲臨敵則以輕而易重使可赳赳而騰躍從古已然宜倣而用之

進兵

兵之進也非可貿貿然也必先知其道路之夷險積聚之有無甲兵之眾寡人心之向背城池之堅頹守將之賢愚備禦之嚴懈政令之治亂情曲之微曖或以聲東而擊西或暫止而疾趨或佯却而忽進或潛兵掩襲或批亢擣虛或明白奮擊而以力戰破敵之堅或振揚威武而以先聲寒敵之膽或取其積聚俾三軍足食而不饑或據其名城俾形勝有憑而可恃能奪敵之所恃則敵屈矣能出敵之不意則敵潰矣總以所長攻所短不

以所短攻所長勿舍易而圖難恒避難以圖易所以疾
如風雨勢若泰山矢戈所指到處肅清矣
燕王慕容垂以二月部分諸將出壺關滏口河庭以
擊西燕燕王慕容永永分道拒守聚糧臺壁遣兵戍之
既而垂頓兵鄴西兩月餘不進永疑垂欲詭道由太
行乃斂軍備杜太行口惟留臺壁一軍四月垂引大
軍出滏口入天井關五月至臺壁破之永太行兵還
自將拒之垂陣於臺壁南遣千騎伏澗下及戰僞退
永追之澗下伏兵斷其後諸軍四面俱起大破之此

則暫止而疾趨後則佯怯而忽進也

宋沈文秀降魏攻青州刺史明僧暠走之衆心恟懼欲保鬱州劉懷珍曰文秀欲以青州歸鹵計齊之士民肯甘心耶今揚兵直前宣布威德誠可飛書而下奈何守此不進自爲阻撓乎遂進文秀不降衆謂宜堅壁伺隙懷珍曰今衆少糧竭懸軍深入正當以精兵速進掩其不備耳乃遣百騎襲其城拔之文秀降此批亢擣虛也時申纂守無鹽魏遣將軍白曜等赴青州白曜至無鹽欲攻之將佐皆以爲攻具未備不

宜遠進司馬酈範曰輕軍深入豈宜淹緩且申纂必謂我軍來速不暇攻圍將不爲備今出其不意可以一鼓而克白曜從之引兵偽退夜進攻之拔無鹽殺申纂此亦陽退而忽進也

慕容皝伐高句麗有二道北平闊南險狹眾欲從北道慕容翰曰虜必重北而輕南王宜率兵從南道攻其不意丸都不足取也且偏師出西北縱有蹉跌其腹心已潰四肢無能爲也皝從之其王釗果遣弟武帥精兵備北道自率羸兵備南道皝破之入其都此

出敵之不意又奪敵之所恃也

周梁州獠中有二路平險各一有獠數人來見請爲鄉導趙文表曰此路寬中不須鄉導但慰子弟使來降也既遣之乃謂諸將曰獠師謂我從寬路而進必設伏以邀我當出其不意從險路入乘高而望果伏兵獠既失計率衆而降文表皆撫慰之此聲東擊西也

馬援伐五溪蠻有二道一壺頭道險而近一充縣道途平而運糧遠耿舒欲從寬道而援以爲費糧不如

從壺頭搤其咽喉賊乘高守隘援不得進天暑疫作
竟以疾卒此不知道路之夷險也

退兵

兩敵相持貴進忌退退則士心必懈銳氣阻喪敵乘而
賊之敗道也然亦勢有不得不退者則又安可不善其
術也歸路在前防閑在後設伏防追誠是矣然或敵既
敗于我而再追則吾之伏不可不以爲常或敵不尾擊
而邀擊則吾之防不可不固而密或一營退復駐一營
更退迭駐所謂退如山移或佯爲進復倏而退速不可

及所謂退不可追也蓋引退之兵士卒多歸志強驅之使戰則勝不可恃被追之兵士已多疑無奇策以衛之則敗不旋踵故敵以急我以舒從容指麾則敵自畏而不敢前士必危疑我必寬泰徐定以安之則軍雖退而士不損皆退之法也

曹操征張繡爲繡所敗聞袁紹謀襲許都乃引還劉表與繡共追之賈詡諫曰去追必敗表繡不從果敗而還賈詡接至半途勸再追之表不從而繡追之果勝繡問曰吾以勝兵追敗兵而敗以敗兵追勝兵而

勝何也詡曰此易知也操雖退必自斷後以防追將軍雖善用兵非操之敵也故敗操既勝將去力未盡而一朝引兵退必國內有事而先歸矣諸將雖強亦非將軍之敵也故勝此防追之兵不可不以爲常也

吳嘉禾五年孫權北征陸遜與諸葛瑾攻襄陽遜遣親人韓扁齎表奏報爲敵所擒瑾聞之甚懼書與遜云大駕已旋賊得韓扁必知吾之虛實且水乾當亟引兵遜未答方催人種葑豆與諸將奕棋射戲如常瑾聞之曰伯言多智謀其必有爲也自來見遜遜曰

賊知大駕已旋無所復蹴得專力於吾又守要害之處兵將意動且當自定以安之施設變術然後出耳今便使退賊謂吾怖仍來相蹴必敗之勢也乃密與瑾督舟船張拓聲勢遜悉衆率士馬向襄陽而進魏人以爲吳兵動且素憚遜遽還城守不出遜退去數日方知魏主歎曰遜之用兵不亞孫吳江南未可平也此所謂徐定以安之且佯進而忽退也

宋檀道濟伐魏軍三十餘戰多捷至歷城以糧盡引還降魏者且說糧盡道濟唱籌量沙方魏人來追時

道濟兵寡弱軍中大懼道濟乃命軍士悉甲身自服乘輿徐出外圍魏疑有伏不敢逼得全軍而返

魏拓拔英圍齊南鄭久之魏王召英還英使老弱先行自將精兵為後拒遣使與齊將蕭懿別懿以為詐英去一日懿遣追之英下馬與戰懿不敢逼此所謂敵以急我以舒從容指麾則敵自畏而不敢前也

草廬經畧卷五

譚瑩玉生覆校

草廬經畧卷六之目

斥堠

間諜

鄉導

督戰

草廬經畧卷六

客兵

無名氏撰

大將登壇受命仗節興師破賊降邑所向披靡當此之時大將之功不深入不成三軍之心不深入不專法當足我糧餉張我聲勢巧於誤敵俾敵不知所備速於攻取俾我鋒不留行電掃星飛深戒淹緩恐久則我糧盡而銳挫敵謀足而守堅非第無功且不能善其歸路矣敵或據險不出以老我師壁堅清野以坐困我須察其虛實諳其土地攻其必救令欲守有所不及預設伏以

函雅堂叢書

待恐襲我空虛深謀密計如鬼如神激揚吏士示以必
死使其相親相睦戮力同心遠鬭窮戰計無反顧敵人
降者禮其君子慰其民人旌其善舉其能薄其賦徭招
來懷服更其虐政至於納叛尤審眞僞毋墮術中變生
不測

秦王命武安君攻邯鄲白起堅不肯出王曰君常以
寡擊衆取勝如神況以强擊弱以衆擊寡乎武安君
曰是時楚王恃其國大不恤其政而羣臣相妒以功
諂諛用事良臣疏斥百姓心離城池不修旣無良臣

又無守備故起得引兵深入多倍城邑發粮焚舟以專民心掠於郊野以足兵食當此之時秦中士卒以軍中爲家以將帥爲父母不約而親不謀而信一心同力死不旋踵楚人自戰其地咸顧其家各有散心莫有鬬志是以能有功也伊闕之戰韓孤顧魏不欲先用其衆魏恃韓之銳氣欲推以爲鋒二國爭便是以臣得設疑兵以持韓專軍并銳觸魏之不意魏軍既敗韓軍自潰乘勝逐北敗以是之故故能立成功名此皆計利形勢自然之理何神之有哉今秦破趙

於長平不遂以時乘其震懼而滅之畏而釋之使得耕稼以益蓄積養孤長幼以益其眾繕治甲兵以益其強增城設池以益其固主折節以下其臣臣推體以下死士至於平原之貴皆令妻妾補縫於行伍之閒臣民一心上下同力猶句踐困於會稽之時也以今伐之趙必固守挑其軍戰必不肯出圍其國都必不可克攻其列城必不可拔掠其郊野必無所得兵出無功諸侯生心外救必至臣見其害未見其利秦王不聽果無功凡大將伐人之國必先料事揣情然

後興師動眾可攻則攻可戰則戰而又城有所不攻軍有所不擊地有所不爭君命有所不受無庸執一以應膠柱而不知變也觀白起之論楚趙韓魏信是

名將

桓溫將伐蜀將佐皆以為不可江夏相袁喬曰李勢無道臣民不附且恃其險遠不修戰備宜以精兵萬人輕齎疾趨比其覺之我已出險要可一戰而擒也溫從之軍至青衣漢大發兵拒之袁喬曰今懸軍深入當合力以取一戰之捷不如棄去釜甑齎三日糧

以示無還心勝可必也温以爲然留參軍孫盛將羸兵守備輜重自將步卒直抵成都進遇漢兵李權三戰三捷勢悉衆出戰於笮橋温前鋒不利矢及温馬首衆懼欲退而鼓吏鳴進鼓不斷袁喬拔劒督士卒力戰遂大破之温乘勝長驅至成都縱火燒其門漢人惶懼無鬬志遂降白起入楚桓温入蜀皆致死於敵因糧於人攻其不備是以能成功名客兵大率如此

主兵

強寇侵疆勢如風雨可無禦之之術乎是當無求一戰之利蓋敵之所欲惟速戰必堅守以避其鋒出奇以撓其謀彼懸軍深入往還千里就令人約輕齎計日負食勢必疲勞又有衣裝軍器勤勞而至未有不資之轉運與因粮於我者法當收我邦畿之積悉入城堡遠我居民以免侵掠據我前險斷彼後阨分遣精兵抄其穀食焚其輜重高城深池堅壁不戰如藏九地無隙可投彼糧食不通野無可掠攻城不拔求戰不得俟其飢餒漸見引還吾以奇兵擊其旁重兵躡其後乘其惰歸掩諸

險阻斯坐而獲全勝矣
韓信攻趙李左軍說成安君曰聞漢將韓信涉西河虜魏豹擒夏說斬張仝此乘勝而遠鬬鋒不可當臣聞千里饋糧士有饑色樵蘇後爨師不宿飽今井陘之道車不得方軌騎不得成列其勢糧食必在後願君假臣奇兵三萬人從間道絕其輜重足下深溝高壘堅營勿與戰彼前不得鬬後不得還吾奇兵絕其後使野無所掠不至十日而兩將之頭可致麾下不則必爲二子所擒矣成安君不從遂敗

韓信之伐齊也人或說龍且曰漢兵遠鬬窮戰其鋒不可當齊楚自戰其地兵易散不如深壘勿戰令齊王使其信臣招所亡城亡城聞其王在楚來救必反漢漢兵二千里客居齊城皆反之其勢無所得食可不戰而降也且不從韓信擊殺龍且

南燕王慕容超聞劉裕伐之召羣臣會議公孫五樓曰吳兵輕入利在速戰宜據大峴使不得入曠日延時沮其銳氣然後徐選精騎循海而南絕其糧道勅段暉率兗州之衆緣山東下腹背擊之此上策也各

命守宰依險自固梭其資糧儲餘悉焚刈使敵無所得旬日之間可以坐制中策也縱敵入峴出城逆戰下策也超行下策乃敗亡

唐太宗伐高麗拔遼東攻安市城延壽惠眞帥衆十五萬救之上曰今爲延壽策有三引兵直前連城爲壘據險守要掠吾牛馬攻之不可猝下欲歸則泥潦爲阻坐困我軍上策也拔城中之衆與之宵遁中策也不量智能來與吾戰下策也鄉導觀之果出下策高麗有對虜者亦諫延壽曰秦王命世之才今舉海

內之眾而來不可敵也爲吾計者莫若頓兵不戰曠日持久分遣奇兵斷其運道糧食既盡求戰不得欲歸無路乃可勝也延壽不從兵敗而降從來明智爲主兵畫策未有不主堅守而主速戰者敵人深入兵精勢銳轉運於國致死於我以求一戰之利然千里饋糧飽者易饑士眾遠涉有勞無逸饑勞駢集不得我利銳氣盡折勢必返旆爲自全之計前軍思歸慮不返顧後軍皇皇復無固志乘機掩擊必勝之算也況我堅壁清野據險出奇來圖大捷先合饑疲以速

其歸倘見不出此而使我兵自戰其地咸顧其家而倖生彼兵去國窮鬬致死而決勝且得我蓄聚克我城邑所謂藉寇兵資盜糧而反客為主矣

形人

形人者以强弱虛實之形示之也孫子曰形之則敵必從之予之則敵必取之以利動之以本待之此言形也又曰形兵之極至於無形則深間不能窺智者不能謀此言形人之道極其祕密也夫强敵在前與我相持吾往則彼無可乘之隙欲退而守則彼有陵我之勢計惟

有示之以形以觀其變則彼之隙自開而我可乘矣吾欲東也而形以西欲西也而形以東欲進而形以退欲退而形以進欲攻而形以守欲守而形以攻欲緩而形以速欲速而形以緩治也而形以亂飽也而形以饑衆也而形以寡勇也而形以怯備也而形以弛敵以我爲然吾以輕兵卷甲而赴之先據其地利飽食蓄力以正合戰以奇取勝以明示敵以暗襲敵蔑弗勝矣示之以强者古之人或晝則多旌旂夜則多火鼓或增竈以示衆或量沙以示足或左實右僞疏陣以疑敵或曳柴揚

塵循環以恐敵使之欲守而懼難保欲進而不敢前未戰而先奔務此而失彼我以守則固以戰則勝矣此形人之效也

趙奢救閼與去國三十里而軍增壘自固此欲進而形之以怯故秦將不知所備也

韓信明脩棧道暗渡陳倉與陳船欲渡臨晉而伏兵從夏陽以木罌渡軍此欲東而形以西故敵不知所守也

諸葛武侯在西城開門洒道焚香操琴而魏師不敢

進此無備而示之有備故敵不知所攻也

虛實

虛實之勢兵家不免善兵者必使我常實而不虛然後以我之實擊彼之虛如破竹壓卵無不摧矣使我常實者由兵食常足備禦常嚴使敵常虛者卽逸能勞之飽能饑之安能動之治能亂之嚴能懈之也虛實在敵必審知之然後能避實而擊虛虛實在我貴我能誤敵或虛而示之以實或實而示之以虛或虛而虛之使敵轉疑以我爲實或實而實之使敵轉疑我以爲虛亢之又

元令不可測乖其所之誘之無不來動之無不從者深知虛實之妙而巧投之也可以語此者其惟孫子乎

虞詡守武都羌眾來寇詡悉陳兵令從東郭門出北郭門入改換衣服回轉數週羌不知其數更相恐動因遁去

臧宮伐蜀屯駱越是時征南大將軍岑彭與蜀將田戎任滿等戰數不利越人謀叛從蜀宮兵少力不能制會數縣送委輸車數百乘至宮夜鋸斷城門限令車聲回轉出入至旦越人候伺者聞車聲不絕而門

限斷相告以漢兵大至其渠帥乃奉牛酒以勞軍宮
陳兵大會擊牛釃酒享賜慰之納之越人遂安此皆
虛而示之以實也
孫臏伐魏佯退減竈冒頓寇漢匿其壯士此實而示
之以虛也關公華容爇烟引操此實則實之而轉疑
以爲虛也
衞國鄧愈守徽州苗帥楊元者率眾來攻時徽州新
附城郭未完守禦之器未備而胡大海攻婺源未下
城中守兵甚少苗軍掩至愈乃激厲士卒大開城門

寂若無兵者以待之苗兵疑不敢入寂若無兵是虛而虛之亦虛虛實實之隱其情故敵不得而測也然知庸將之虛實易知智將之虛實難買詡曰孫權知虛實則權亦人傑也哉

擊虛

良將之用兵也何以戰無不勝哉孫子曰其所措勝勝已敗者也勢虛易於至敵故良將恆擊人之虛焉所謂虛者非値其兵之寡弱也凡守備之懈弛糧食之匱乏人心之怯懾士眾之淆亂城隍之頹淤兵力之勞倦壁

壘之未完禁令之未施賢能之未任陣勢之未固謀畫
之未定羣情之未協地利之未得若此者皆虛也亟選
鋒衛之潛兵襲之未有不得志於敵者貴在知之極審
一或不審敵僞虛以誘我我嘗試以漫報非計矣如吳
子姬光所謂前者去備撤威後者敦陣整旅則外虛而
中實也如宋將吳璘所謂弱者出戰强者繼之則先虛
而後實也如甲士精銳而外示羸弱部伍整肅而佯爲
散亂欲進攻而僞不敢爭實嚴備而虛若弛慢移軍而
減竈以示寡合營而掩旂以示孤頻託忠告以示相親

顯行厚賂以示相悅凡若此類兵多詭道將有奇謀勿誤以為虛而擊之也

劉裕伐南燕燕與戰於臨朐日向晨勝負未決參軍胡藩言於裕曰燕悉兵出戰臨朐城中留守必寡願以奇兵從間道取其城此孫臏所以救趙也裕遣藩潛出燕兵後攻臨朐聲言自海道至遂克之

唐莊宗召諸將問梁事郭崇韜曰段凝本非大將材無足可畏降者皆言大梁無兵陛下若留兵守魏固保楊留自以精兵與鄆州合勢長驅入汴彼城中旣

空虛必望風自潰僞王授首則諸將自降矣唐王從之遂克中都康延孝請亟取大梁李嗣源曰兵貴神速今彥章就擒段凝未必知此去大梁至近前無山險方陣橫行晝夜兼程信宿可至段凝未離河上友貞已爲吾擒矣莊宗以爲然遂克汴此皆擊人之虛也

夫出禦之盛則留守之虛固可擊之而事勢緩急之間則兵之虛實亦爲之轉左急而右緩則右虛右急而左緩則左虛故良將於所擊之處姑且緩之而聲

所加必先於所不欲之地卽我之兵銳旣指彼之抗禦以嚴而我所擊之處不可知則彼之虛實亦自見未必皆實而無虛也孫子曰攻而必取者攻其所不守也斯虛實之謂矣

避實

將之所以可尚者奚必避逗遛之名而爭爲先登哉不審敵勢而輕犯其銳所謂奮螳臂而拒走輪以三軍之命爲兒戲也故寧蓄銳無浪戰寧鬭智無鬭勇卽戰在可勝可敗之間亦必不戰其權且避之者正欲需其時

而不爲退避之計者也敵之氣不能常勝而不餒敵之備不能常嚴而不懈則吾安可不待其衰不俟其隙而僥倖於旦夕乎韋叡曰爲將固有怯時眞知兵者也避之之道增城浚池堅壁固壘精器積糧厚撫死士激厲三軍張皇銳氣蓄力而不輕用乘間以待一舉如孫子所謂幷氣積力運兵計謀爲不可測者也

司馬懿之禦蜀也以堅守爲務不肯戰賈詡魏午曰公畏蜀如虎奈天下笑何武侯屯五丈原遺懿巾幗婦人之服懿亦不以爲嫌終不戰此所謂實而備之

强而避之者也
吳子伐齊齊國書將中軍高無丕將上軍諸將自知其必敗且死也將戰齊公孫夏命其徒歌虞殯送葬歌曲名示必死也陳子紆命其徒具含玉東郭書曰三戰必死於此三矣使問弦多以琴弦多齊人使問遺之以琴曰吾不復見子矣陳書曰此行也吾聞鼓音而已不聞金也果大敗齊將皆死竊怪齊人既知吳之强何不權且避之孫子曰必死可殺又曰小敵之堅大敵之擒也乃知古今之如國書輩者不少而司馬仲達者眞知機善

守之將也

立營

立營之法須據險阻前阻水澤右背山林處高陽便樵道前有險翳可以設伏後有間道可以出奇兵據險阻則敵不敢攻就水草則軍用不匱兩營分屯則互相犄角三營分屯則鼎足而居若兵衆分屯數營或數十營亦須各擇勝地前後左右互相顧盼聲勢聯絡毋居卑溼以防水攻毋相去太遠毋隔越長水大澤祟山峻嶺以致救應不及天竈龍頭背水向坂之地古人所避故

包原隰險阻以爲營兵之所忌也其法外開濠塹內設壁壘外布蒺藜竹馬深栽鹿角壘上立柵守以强弩亦有傅壁壘立柵者亦聽其便營門之中高設槍壘以時啟閉敵雖衝突必不能入營中士卒按部而居列隊而處各安其位不得私相訊問逐伍遊行樵汲亦有其時出入俱聽號令驗實方行營門之外或以事至俱止三百步之外審眞僞待將令方許入守門之士持刃彀滿以待恐奸細因而闌入至於昏夜禦備尤嚴巖示儆戒雖當達旦無敢橫行不分晝夜有誅無赦非止防奸且

嚴軍令是謂立營

吳漢討公孫述自將步騎三萬餘人進逼成都去城十餘里阻江北爲營作浮橋使副將劉尙將萬餘人屯於江南相去二十餘里帝聞大驚讓漢曰比勅公千條萬端何臨事多悖亂旣輕敵深入又與尙別營事有緩急不復相及賊若出兵綴公以大衆攻尙尙敗公卽敗矣幸無他者急引兵還廣都詔書未到述果使其將謝豐督衆三萬分二十餘營幷出攻漢使別將將萬餘人劫尙令不得相救漢兵敗走入壁因

潛兵夜就劉侚於江南復勝之

昭烈伐吳自巫峽建平連營至夷陵界立數十屯曹丕聞蜀兵樹柵連營七百餘里乃謂羣臣曰劉備不曉兵法豈有七百里可以拒敵者乎包原隰險阻而爲軍者爲敵所擒後七日吳果破蜀此皆隔越山水相去太遠之害也

馬謖禦張郃於街亭舍水上山不下據城郃絶其汲道大破之此當龍頭之說也

元攻金金主走歸德元史天澤追之撒吉思不花欲

薄城背水而營天澤曰此豈駐兵之地乎彼若來犯則進退失據矣不聽會天澤以事之汴不花全軍皆沒此背水而營之害也

司馬懿禦武侯于隴西亮既登山掘營不戰夫登山立營仰不可攻軍無百疾正合孫子處高陽之法此必求水草之便與其營前險阻足以屈敵也否則如馬謖街亭之失矣

軍號

軍營之有夜號也恃以防奸也或以物或以字大將將

昏而發任意而言傳布滿營咸使知之暮夜往來邏軍必低聲詢問不知號者必奸細也號須記載以便稽查毋得重複亦勿有心恐有心則為人所覺而重複則雷同尤使敵易測也營外巡視伏路之軍亦別有號盤詰外奸使無所容先發外號遣之使出始發內號勿令預聞恐敵擒獲因而洩露也

曹操兵敗陽平欲進恐不能勝欲退則以為耻先鋒入中軍請夜號適庖官進雞湯操見其湯中有雞肋以為食之無益棄之有味因感於懷命曰雞肋此以

物爲號也
宇文泰遣奚達武覘高歡軍武從三騎皆效歡將士
服至歡營去數百步外下馬潛聽得其軍號因上馬
歷營具知敵之情狀而返
李光弼攻邳州令郝廷玉自地道入得軍號登陴大
呼王師乘城擒安太清送京師
韓世忠討長沙賊劉忠時忠據白面山有衆數萬世
忠乃與對壘奕棋張飲堅壁不出衆莫測一夕與蘇
格聯穿賊營候者呼問世忠先得軍號隨聲應之周

覽而出喜曰天賜也伏精兵二千於白面山與諸將連營而進賊方迎戰所遣兵已馳入中軍奪望樓植旂傳呼如雷矣賊回驚潰蘄忠

蓋軍容野處入路且多賊非得我軍號爲詐吾入安能入虎狼之穴以覘虛實乎猶慮不密爲其所知況無軍號而又能辨賊乎韓世忠先伏精兵誘賊使出從後襲營與韓信赤幟入趙營相似

斥堠

斥堠之軍古法所重大將總軍臨敵百里內外無不盡

知而可覘斥堠爲泛常以致賊至而不覺乎大抵斥近則敵易至故貴在遠堠少則來路多故所貴在周堠懈則敵潛入故所貴在嚴堠不時時提撕則人不儆故所貴在主將之督責晝則覘烟旂夜則覘烽火百里之遠頃刻可達小徑蹊澗伏路軍人無不設備瞭望探聽更迭不休出沒如神足無停履又嚴而不懈是以敵人將至動輒先聞指揮處分出奇設伏明不可攻暗不可襲矣

呂蒙襲荆州晝伏精兵𦪇艫中使白衣搖櫓作商賈

人服晝夜兼行闕公所置江邊屯堠盡收縛之故闕
公不知而敗

王武平浙東賊裘甫諸將請曰某等生長軍中久更
行陣今幸從公破賊然私有所不喻者敢問公始至
軍食方急而遽散之何也武曰此易知耳聚穀以誘
饑人悉給之食則彼不爲盜矣且諸堠無守兵則倉
廩適足以資賊其不置烽燧何也武曰烽燧所以趨
救兵也今軍盡行無以繼之徒警士民使自潰亂耳
令懦卒爲候騎而少給兵何也武曰若使勇士操利

兵遇敵不量力而鬬鬬而死賊至不知矣衆皆拜曰非所及也斥堠之卒毋使鬬而死襲而執誠是矣而輕卒善走機巧黠慧者宜選用之此又隨材任使之法

間諜

兵誌有言明君賢將所以動而勝人成功出於衆者先知也先知敵之情者必資於間間事詎可緩乎用間之法孫子詳言之其所謂非微妙不能得間之實者則尤極其精不可不闡其義五間俱起固當總而角其同卽

一間之中不可不多其人以覘言果同否則始爲眞五間各不令相知生間之人亦當擇其彼此素不相識者而遣之則其所謂敵情各述所聞吾始得較量其同否而察其眞僞何者爲間之人一相知識則必符同其說以巧用其奸而吾反爲間所誑矣故爲間之人不一而知間之人惟我詳詢而觀其誠參訂以抉其微幻如烏有祕若鬼神敵雖善局能遁其情乎不然或用間以成功或憑間以傾敵間可常恃耶至若綏之以仁義勸之以重賞是不待言矣

种世衡守鄜州間行敵部族慰勞酋長或解所服帶
賜之嘗會客設飲有得敵之情形而來告者世衡即
以所飲之酒器與之此以重賞而得間之實也
唐李愬討吳元濟時舊制有爲賊諜者屠其家不赦
愬至因令使厚待之未幾諜反以情告愬愬由是益
知賊城中之虛實此即孫子所謂反間者因其敵間
而用之也
明魏國公徐達攻姑蘇張士誠收拾餘燼猶背城百
戰無錫莫天祐與誠爲聲援其部將楊茂善遊水莫

天祐嘗遣茂從水裏至士誠所往來通信爲徐達邏卒所獲達釋其縛而慰勞之待之以腹心於是茂感其德而爲之用屢游水往來伺便因得獲其彼此所遺書報盡知士誠天祐虛實回報此卽孫子所謂內間者因其官人而用之也

宋南渡時韓世忠新提騎兵至大儀與金會魏良臣使金世忠遇之卽撤炊爨紿良臣曰有詔移屯守江良臣疾馳去世忠度良臣已出境卽上馬進次大儀勒五陣設伏以待良臣至金軍中金人問王師動息

貢臣具以所見對金人喜甚引兵至大儀爲世忠所敗卽孫子所謂死間者爲誑事於外令吾間知之而洩於敵也

漢之酈食其唐之唐儉人皆以爲死間

廣西參將沈希儀守柳州以爲使官卒入賊巢爲諜賊必生疑於是陰求素與猺商販者數十人密謂之曰吾素知若輩通猺吾不罪汝今更予若金爲販資若肯爲吾詗賊情否衆感諾是時諸猺雖凶暴殺人然販商者至其地必傳送護衛而飲食之誠恐損一

販者則諸猺販不至由是每有動靜販者輒先奔走以報希儀希儀厚賞販者而祕其事肘腋親近俱不得與聞每遇某賊某時出寇某處則希儀先在轉寇某處則希儀又先在人驚以爲神而莫知其故此所謂生間者也如韋孝寬等皆善用間諜而得敵情孫子曰將受命以爭一日之勝負而愛爵祿白金不知敵之情者非人之佐也非勝之主也善哉言乎

鄉導

大將揮軍入人之境何處可以頓舍何處可以進兵何

處可以設伏何處可以截殺何處可以通糧何處險阻可據何處關梁可涉何處別道可襲何處饒野可掠何處須防火攻何處爲吾之害可以避何處爲吾之利可以趨城池何大何小何堅何圮何路徑何險何夷何遠何近大將非身歷其境安能預知哉知之在乎鄉導也從古以來或用土人或用俘虜第懷奸誘誤爲患非輕須察其形色觀其誠偽其可託者結之以恩仍遣腹心之人與之偕往庶可以無失矣或有不用土人而止用熟諳其地者是又一道不可不知

漢大將軍衛青擊匈奴令李廣引兵出東道軍亡鄉導以致失道後大將軍使長史問廣失道狀責廣之幕府對簿廣謂麾下曰廣結髮與匈奴大小七十餘戰今幸從大將軍出接單于兵而大將軍又徙廣部行回遠又迷失道豈非天哉遂自剄此無鄉導之失也

義寧賊寇桂而還巢沈希儀追之巢有兩隘賊伏兵於丁嶺隘以俟使熟猺以某隘閉告而導官軍入丁嶺欲誘丁嶺陷之希儀策之斬閉隘而入果無兵守

於路擒販者數人以丁纘之賊告牽以谿巢而熟猺亦以希儀斬閉隘告丁纘之賊賊還巢大破之此土人爲鄉導者所當防也

兵之方進固重鄉導不若以信使交好之秋兵形未動之際密遣腹心圖其山川形勢道路迂斜俾虜在目中尤爲勝算稽之於古諸葛武侯則有呂凱之平蠻指掌圖宋祖高皇之於蜀也則隱畫工於介紹之內侯旌麾雲動欲卜前途而以鄉導之言質之丹青萬無一失矣

督戰

今之總戎大將有前軍數里者遇敵交兵亦不與知夫將受命以爭一戰之勝卽身自鼓之猶恐三軍不爭先用命茲乃不親臨鋒鏑肯爲我致死也哉督戰之法所宜亟講也蓋人之所以冒白刃而戰不旋踵者非惡生而好死爲求爵賞而避刑誅也督之者須速其賞賚峻其誅戮有功者卽於陣賞之退却者卽於陣誅之則人知有進戰之利反顧之害故人自爲戰矣何也死於敵與死於誅均死也況與敵相角必死則生幸生則死誰

肯舍可生之路而就不赦之誅哉將能使人覬賞而樂戰畏死而不敢不力戰斯攻無堅城戰無堅陣矣

李光弼中潭之戰先出賜馬四十分給郝廷玉等光弼執大旂曰望我旂麾若緩可觀便利若三麾指地諸軍必入生死以之退者斬旣而憑堞望廷玉馬不能前趨命左右取其首來廷玉曰馬中矢非怯也乃命易他馬有裨將援矛刺賊洞馬腹中數人又有迎戰不戰而怯者光弼召援矛者賜絹五百匹不戰者斬之光弼麾旂三諸軍爭奮擊賊衆奔敗斬首萬級

俘八千人
沐英攻緬分兵爲三馮勝領其前甯正領其左都指揮湯昭領其右復申令再三曰今日之事有進無退進而捷者一級必重賞退而衄者一隊必盡誅於是將士皆鼓勇而進時緬兵三十餘萬戰象百餘陣既交彼象在前列我前軍火箭銃砲連發星流烟飛雷擊電走霹靂之聲不絕山谷爲之震動象皆驚奔寇之勇而力者昔刺亦殊死戰我師少怯英登高望之命左右取師之首來左師遙見一人挾刀飛騎而下

鏖眾復前英責戰益急三軍大呼鏖戰不移時賊眾大敗

廣西參將沈希儀其出兵多齎私財以行有先登斬首就陣給賞不失頃刻故盡死力希儀笑曰人以貲財積賄賂而博官吾以貲財積首級而博官豈非計哉此數將者皆以善督戰而制勝也

魏辛雄上疏曰夫人所以臨陣忘身觸白刃而不憚者一求榮名二貪重賞三畏刑誅四避禍難非此數者雖聖王不能使其臣慈父不能勵其子矣明主深

知其情故賞必能行罰必能信使親疎貴賤勇怯賢愚聞鼓鐘之聲見旌旂之列莫不奮激競赴敵場豈厭久生而樂速死哉利害懸於前欲罷不能矣誠哉是言乎

草廬經畧卷六

譚瑩玉生覆校

草廬經畧卷七之目

招撫

受降

草廬經畧卷七

救援

無名氏撰

有必救之兵然後有必守之城謂其知救至而守愈堅也諺云救兵如救火患在將帥畏縮不進則敵勢愈張而城危或恃勇輕進無奇策以撓敵使敵困不支而城危救之者必審察敵可以擊則乘我初至之銳內外合勢可以策勝如未可也無務急與敵戰須嚴為備禦以待敵先據勝地以陵敵與城犄角以分敵廣張疑兵以恐敵抄其穀食以饑敵尾擊其後以擾敵扼其歸路以

危敵奪其所恃使之進退無據堅壁以臨使之欲進不能彼腹背受敵所謀不遂必解而引退吾以重兵躡之伏兵邀之乘險而擊如拉朽矣嘗見寡弱之將總兵而還不爲持重必勝之計其合戰也不知虛實其逐利也惟恐不及我兵遠來新至兵力旣已勞困地利又所未熟敵人乘勝出奇以佚待勞則不支設伏誑誘則必勝外救已敗內勢愈孤如此而城能守者未之有也

韋叡救鍾離或畏魏軍多勸叡緩行叡曰鍾離今鑿穴而處負戶而汲車馳卒奔猶恐不及而況緩乎旬

日而至部陽募間使入報城中城中戰守日苦一知有援于是人百其勇未幾大破之此救兵如救火謂知援至而守愈堅也其救馬仙琕也魏人欲復部陽之恥仙琕自北還為魏軍所躡三關擾動叡至安陸增築城二丈餘開大壍起高樓眾頗譏其示怯叡曰不然為將固有怯時魏人聞叡至乃退此嚴為備禦以待敵也

桓冲率眾十萬伐秦攻襄陽慕容垂來救進臨沔水夜命軍士持十炬繫于樹枝光照數十里冲懼退還

上明
孟珙救江陵變易旌旂服色循環往來夜則列炬照江數十里相接躬往節度破砦二十四還民二萬此廣張疑兵以恐敵也
王韶救河山至熙州選兵二萬議所向諸將欲趨河山韶曰賊所以圍城者恃夏爲外助也今知救兵至必設伏待我且新勝氣銳未可與爭當出其不意以奪其所恃此所謂批亢擣虛形格勢禁則自爲解也乃直擣定羌城破結河族斷夏國通路進臨寧河分

命偏將入南山晴征知援絶拔栅去此奪敵之恃也
齊將陳伯之攻魏壽陽城魏將傅永救之時彭城王
勰守壽陽喜曰吾北望已久恐洛陽難可得見不意
卿能至也令永引兵入城永曰永來欲以却敵若如
教旨乃是與殿下同受攻圍豈救援之意遂軍于城
外與勰并勢擊陳伯之于肥口大破之此與城犄角
以分敵也

郭子儀等九節度使圍安慶緒于鄴城史思明引兵
救之不即戰日于城下選精騎抄掠官軍出則散歸

其營往復聚散自相辨識而官軍不能察也由是諸軍之食史思明乃引大軍直抵城下諸軍皆潰此抄掠其穀食以饑敵也

僞夏將王守仁率衆三萬寇漢中傅友德救之領兵二千徑過黑龍將夜襲木曹關斗山砦令軍中人持十炬燃於山上守仁軍見列炬乘夜遁去此先據勝地以臨敵又廣張疑兵以恐敵也

夫救援至必使城內知之固令堅守不生二心猶恐內外隔絕孤使往來易爲所得敵知吾之虛實售彼

之變詐非內爲其所愚而失守則外爲其所愚而敗績古來蹈此者未容一二數也卽令有如晉陽之智辨與國初張子明之丹忠能幾人哉將之遣使尤須預防

攻營

攻營之具櫓盾居前刀斧隨之伺敵之懈衝入營門或越塹開栅去其蒺藜入其壁壘短兵接戰縱橫突擊銳不可當則敵必不支且入中軍取其元戎元戎旣遁餘衆自潰此之妙在勇鬬也至于暮夜我欲攻之則敵不

測我之虛實須廣其計相機而動厚募死士乘間疾趨以驚其衆縱火以焚其壘蓋昏夜無知變起倉卒敵懼有伏是以我進彼不敢逆擊我退彼不敢長追況大衆雲屯夢寐之間一聞敵至易以潰亂故偏師銳卒亦可成功第恐敵先知按伏以俟更遣精卒邀擊于途或乘勢反襲吾壘則攻人者適以自攻也故必審勢料敵攻其無備出其不意可以決勝仍遣一師隨後策應而大衆復合營警備以防不虞斯爲善矣

田悅使大將軍楊朝光以兵萬人據雙岡築東西二

栅以禦馬燧燧率軍營二栅間悦計曰朝光堅栅且萬人雖燧能攻未可以數日下且殺傷必眾則吾已拔臨洺矣饗士以戰必勝之術燧乃推火車焚朝光栅自晨迄晡大破之斬朝光此以火攻敵不支也

金兀朮趨杭州岳武穆邀擊至廣德六戰皆捷俘其首領四十餘察其可用者結以恩遣還令夜斫營縱火武穆乘亂縱擊大敗之兀朮趨建康設伏牛山待之夜令百人黑衣混金營中擾之金兵驚自相擊

金兵至順昌與守將劉錡戰不利乃移砦于東城距

城二十里錡遣驍將閻光募壯士五百人入其營是夕天欲雨電光四起見辮髮者輒殲之金兵退十五里錡復募百人以往或請銜枚錡笑曰無以枚也命折竹爲器如市井兒以爲戲者人持一爲號直犯金營電所觸則皆奮擊電止則匿不動敵衆大亂百人者聞吹器卽聚金人亦不測終夜自戰積屍盈野此以奇計攻營也

韓世忠聞王淵守趙遂亟往金人聞世忠至攻益急會大雪世忠夜半以死士三百擣敵營敵驚亂自相

擊刺及旦盡遁後有自國回者始知大酋是日被刺死故衆不能支

粘沒喝兵至濟州以城小易之守臣楊粹中命將姚端夜擣其營沒喝跣而走此以勇鬬而攻無備出不意也至攻金人水寨多用火攻而旱寨亦用之以火起則全寨難救而我可全勝矣是在爲將者酌宜而用大抵攻營必乘其懈而昏夜劫人之營襲人之城多在三更之後以守者已不虞敵人之至也白晝攻營非乘敵出而中虛則我勢強而氣盛

襲人

兵家之有襲也所以攻人之不備也近則安遠則危勞師而遠襲敵必聞而備之吾以疲兵頓堅城之下勢孤糧竭敵必乘之雖有智者不能善其後矣間亦有遠襲者非必得不可又非便得不可法宜詳審虛實按兵不動先之以靜息韜之以祕密出之以神速靜則敵不戒祕則敵不聞速則敵不支襲城則城拔襲險則險取襲營則營破襲陣則陣亂然後爲善襲人者不觀六韜之言乎鷙鳥將擊卑飛斂翼猛獸將搏弭耳俯伏聖人將

動必有喜色用此術以襲人眞知箇中之妙者

秦杞子戍鄭使人告于秦曰鄭人使我掌其北門之管若潛師而來國可得也秦伯訪之蹇叔蹇叔曰勞師而遠襲非所聞也師勞力竭遠主備之無乃不可乎師勤而無所必有悖心且行千里其誰不知公辭焉召孟明西乞白乙使出師東門之外蹇叔哭之曰孟子吾見師之出而不見其入也秦師至滑鄭果有備還侵晉敗諸崤師盡覆此遠襲之害也

燕王慕容垂命范陽王德守中山引兵密發踰靑嶺

經天門鑿山通道出魏不意直指雲中魏陳留公鎮
平城垂翼之遽出戰敗死燕軍盡收其部落魏主珪
震怖欲走諸部皆有二心
鄧艾之襲蜀也亦自陰平行無人之地七百里山崇
谷峻頻幾于殆遂平蜀
大凡山險邊遠敵必不備故易克也高歡自將萬騎
襲魏夏川不火食四日而至縛稍爲梯夜入其城擒
刺史斛律俄彌突此神速也
唐節度使李愬率李祐李忠義等大城柵令曰引而

東會大雨雪眾皆謂投不測始發問所向愬曰入蔡州取吳元濟士皆失色然業已從愬人人不敢自爲計愬分輕兵斷橋絕洄曲村山道行七十里夜半至懸瓠城雪甚城旁鵞鴨湖愬令驚之以混軍聲賊恃吳房村山戍晏然無知者祐等攻墉先登眾從之殺門者發關留柝傳夜自如黎明雪止入駐元濟外宅蔡吏曰賊陷矣濟尚不信曰是洄曲子弟來求褚衣矣及聞號令曰常侍傳語始驚曰何常侍得至此遂

滅蔡擒吳元濟

夫兵發而後語人此祕密也夜半即至此神速也想向初至軍謂其衆曰天子使我撫養士卒耳戰非吾事也佯示無能以安敵是靜息也

致人

孫子曰先據戰地而待敵者佚後處戰地而趨戰者勞故善戰者致人而不致於人也致之使來者或動之以利或激之以怒或示之以懈或挑之以害或誘之以北使敵心樂而願至不察而輕至勢極不得不至皆多方以誤之也敵人已至入我彀中吾先得地利復出奇兵

以佚待勞以飽待饑以虞制不虞必勝之道第致人者我發其機隨敵而轉方其初至盛氣則少待其衰機便則乘勝疾擊或橫突或旁擊或反擊或夾擊或截殺以斷其後應或設伏以掩其不意或頻而擾之使其營柵不成樵爨不給或迫之于險使其行伍不列陣勢不就彼欲進不得欲退又難饗士秣馬觀變設奇從容而指揮得坐制之策矣至若佯北之兵尤須隱其詭詐夫敦陣整旋半進半退以誘人人所易覺故又有隊伍參差旂幟潰亂先以羸兵試敵佯餒居多皆真敗之狀也凡

若此者敵雖智將亦必長驅
耿弇攻張步步將費邑之弟守巨里弇進兵先脅巨
里多伐林木揚言以塡塞坑塹數日有降者言邑聞
弇攻巨里謀來救之弇乃嚴令軍中趣脩攻具宣勑
諸部後三日當盡力攻巨里城陰縱兵降者令得亡
歸以弇期告邑邑至日果救之弇喜謂諸將曰吾所
以脩攻具者欲誘邑耳今來適得所求也乘高合戰
破邑斬之此挑之以害使不得不至也及取臨淄遂
據其城以激怒步謂諸將曰無得往掠劇下須步至

乃取之步聞大笑曰以尤來大彤十餘萬衆吾皆即其營而破之今弇兵少於彼又皆疲勞何足懼乎乃與三弟及大彤牽重異等兵二十萬至臨淄大城東此激之以怒也弇先臨臨淄水上與重異遇突騎欲縱擊之弇以爲挫其鋒則步不敢進故示弱以盛其氣乃引兵歸小城陳兵於內步攻之劉歆等與步合戰弇自引精兵以橫突步陣大破之此實而示之以虛也

楚子使鬬廉及巴師圍鄾鄧養甥聃甥救鄾三逐巴

師鬬廉衡陳其師於巴師之中以戰而北鄧人逐之背巴師而夾攻之鄧師大敗鄾人宵潰城濮之戰子玉以若敖之六卒將中軍曰今日必無晉也既戰狐毛設二旆而退之欒枝使輿曳柴而僞遁楚師馳之原軫郤溱以中軍公族横擊之狐毛狐偃以上軍夾攻子西楚敗績此誘之來而横擊夾擊也

梁晉柏鄉之戰周德威曰吾兵少而臨賊營門所恃者一水隔耳使梁得舟栰渡河吾無類矣不如退軍高邑誘敵出營擾而勞之可以策勝矣莊宗從之而

退軍焉德威晨遣三百騎叩梁營挑戰自以勁兵三千繼之王景仁怒悉其軍以出德威曰梁軍輕出而遠來與我轉戰且來必不暇齎糗糧縱其能齎亦不暇食不及日午人馬俱饑因其將退而擊之勝諸將亦皆以爲然至未申時東偏塵起德威鼓譟而進遂大敗之自鄗追至柏鄉橫屍數十里景仁僅以身十餘騎免此誘而饑且勞之也

梁淵明伐齊初侯景嘗謂梁人曰逐北莫過二里齊將慕容紹宗將戰以梁人輕悍恐其眾不能支引將

卒謂之曰我佯退誘吳兒使前爾擊其背至是梁人不用景言乘勝入將卒以紹宗之言為然爭擊襲之梁兵大敗淵明等皆為所虜此追敵者須防誘兵也如韓信誘龍且而因水以攻其類甚多不能詳述至李牧誘匈奴而先以數千人委之是又舍小敗而圖大勝也

大抵兵家之致人亦必審彼我之強弱地勢之險阻機術之巧拙我必勝而萬無一失彼必敗而莫之能逃然後引而招之焉即孫子所謂先為不可勝以待

敵之可勝也如敵未可欺吾又不能以敵方以其來爲虞況致之使來也哉設法以疑之多方以誤之俾猶豫而不敢進可也

伏兵

兵伏詭道也善伏者必勝遇伏者必敗伺敵之至或舉號旂或舉號礮伏兵卽出適當其中不得太早太遲恐早則敵見而備恐遲則緩不濟事也號令一舉齊出死鬭毋趦趄不前先後不一擊其左擊其右勿遮道勿留行常開生路以待其走而夾擊之尾擊之遮道留行恐

敵生路已絕必致死於我非計也敵張皇駭愕四顧難支吾之正兵亟回策應無得觀望所伏之處宜險阻隘道俾敵不得整陣而戰突出而薄我處其逸敵處其勞我處其高敵處其下掩其不意莫能當也兵之伏者有一伏有二伏有數伏有數十伏俱視賊勢與吾勢之強弱及吾卒之多寡如沿道設伏伏有前後賊前至者勿先發俟賊深入我地戰敗而歸吾兵隨後追吾伏隨後而應不惟以勝攻敗亦且以銳勝疲故賊無遺類將有全功亦有同時並起者必廣地可以分伏是謂合擊也

北戎侵鄭鄭伯禦之患戎師曰彼徒我車懼其侵軼我也公子突曰使勇無剛者嘗寇而速去之君爲三覆以待之戎輕而不整貪而無親勝不相讓敗不相救先者見獲必務進進而遇覆必速奔後者不救必無繼矣乃可以逞從之戎人之前遇覆者奔祝聃逐之衷戎師前後擊之戎師大敗

王世充簡兵擊李密密輕世充不設壁壘世充夜遣騎潛入北山伏谿谷中命軍秣馬蓐食遲明薄密密未成列世充縱擊之世充士卒皆江淮剽勇出入如

飛戰方酣伏兵從高馳下密衆大潰
淮西大將軍陳仙奇奉詔發兵於西京防秋及吳少
誠殺仙奇遣人召所遣兵馬使吳法超使引歸上聞
之急勑李泌發兵防遏泌陰選士分爲二隊伏於大
原倉之隘令之曰賊十隊過東伏則大呼擊之西伏
亦大呼擊之勿遮道勿留行常讓以半道又遣唐英
岸夜出陣閒北燕子楚將兵趨長水明日淮西兵入
隘兩伏發賊衆驚亂死者四之一進遇英岸邀擊之
擒其將張崇獻法超率衆趨長水子楚擊斬之潰兵

得至蔡者纔四十七人此前後伏也

韓世忠之敗金人於大儀也勒五陣設伏二十餘所金人至過五陣東世忠傳令鳴鼓伏兵五起旂色與金人旂雜出金軍亂遂大敗之此四面伏也

劉琨新得猗盧之衆欲因其銳氣以討石勒命箕澹率騎二萬爲前驅勒據險要設疑兵於山上前設二伏出輕騎與澹戰陽爲不勝而走澹縱兵追之入伏中勒前後夾擊大破之澹奔代郡西土震駭

防伏

兵之伏也敵欲擊我不虞也大將總統三軍入人之境凡山林險阻堤岸谿谷及蒹葭翳薈之處可以伏人者必先遣遊兵察而索之無伏而後可進假令有伏彼見我之索也自應潰散矣即不然而以諸軍分為前後前軍遇伏後軍可解又或以精兵據其要路則伏亦不敢出或分遣死士潛出其後而擊之蓋其銳氣前往不虞我之擊其背也未有不震恐喪膽望風而逃者倘其途險谿迴難達其後即以精兵向伏而擊之其伏必敗伏兵已敗賊計自窮乘勝而攻可以得志

周亞夫擊吳楚發至壩上趙涉遮說亞夫曰吳王知將軍且行必置人於殽澠之間且兵事尚神密將軍何不右走藍田出武關抵洛陽直入武庫諸侯聞之以爲將軍從天而下矣太尉如其計至洛陽遣使搜殽澠間果得吳伏兵此索伏兵之妙也

唐與回紇討安慶緒攻長安陣於香積寺北灃水之東賊將李歸仁伏精兵於陣東欲襲官軍之後偵者知之僕固懷恩引回紇擊盡殺之

張浚帥岳武穆等諸將討李成既敗李成之將馬進

於筠州引兵追賊樓子莊賊黨商元據草山狹險設伏浚遣步兵從間道直趨椒山殺伏奪險乘勝至江州成勢迫絕江而遁此皆能殺伏者也至於其偵探之密提防之嚴俾敵之詭伏預先燭照者尤宜為將者所當加意也

遊兵

遊兵者謂其兵無定在也必士果銳而騎超捷將勇悍而善應變時而東復時而西時而出復時而入敵怒而迎我引而退敵倦而息我臨而擾擊其左擊其右擊其

前復擊其後擊其懈弛而無備倉卒難救抄其穀食焚其積聚劫其輜重襲其要城取其別營絕其便道或朝或暮伺敵之隙乘間取利飄忽迅速莫可蹤跡於我爲軍之聲援於敵爲彼之後患夫使賊腹背均患進退維谷則不難於翦除全勝之策是一道也

楚漢相持於滎陽成臯之間彭越常爲漢將遊兵以擊楚取睢陽以北數十城項羽攻漢越輒擾其後楚諸將非越之敵數爲越所敗羽怒自將軍擊之越復退及下十七城羽聞之使曹無咎守成皋戒曰卽漢

欲戰愼勿與戰而自引兵東擊越所下城圍外黃數
日乃降羽欲盡坑之外黃舍人兒年十三說羽曰彭
越強擊外黃外黃恐故且降以待大王今又坑之百
姓安所歸心哉從此以東十餘城皆莫可下矣羽從
之竟不得越而還而曹無咎已爲漢所敗矣相循不
已楚因是以敗漢之有天下大都多其力也
徐道覆率衆三萬趨江陵奄至破冢劉道窺使劉遵
別爲遊軍自據道覆於豫章口前驅失利遵自外黃
擊大破之斬首百餘級悉赴水死道覆單舸走還盆

曰初道窺使遵爲遊軍衆或謂强敵在前惟患衆少不應分割見力置無用之地至是乃服此皆得遊兵之利者也

疑兵

兵之以疑勝也全是虛張聲勢使敵望而憚也憚則城有所不敢攻軍有所不敢擊途有所不敢由軍必皇皇思爲走計躊躇不決所謀必誤亟乘是勢而出奇取之選銳衝之敵必驚潰而北矣若是者必緣兵精而寡將勇而智故能以虛爲實以少克衆也疑之之術晝必多

旌旂夜必多火鼓或廣張其犒饗或疏布其陣勢或曳柴揚塵或疑或樓或更換服色或以旌旂微露山林儼若伏狀或鼓角夜逼敵壘一似襲營或結草爲人眞僞相半布列示多或開門待敵佯若閒暇以乖其向總使敵人不測多少不知虛實則將必亂此兵家詭譎也

沛公以二萬人欲擊秦嶢下軍張良曰秦兵尚强未可輕敵臣聞其將屠者子易動以利願沛公且留壁使人先行爲五萬人具食益張旂幟諸山上爲疑兵乃使酈食其往啗以利秦將果畔欲連和爲五萬人

具食以餉疑之也益張旂幟以旂疑之也

丹陽賊費棧受曹公印綬煽動山越爲作內應孫權遣使陸遜討之棧黨多而遜兵少乃益施牙幢分布鼓角夜潛山谷間鼓譟而前應時破散

周訪討杜弢時賊衆倍訪自知力不能敵乃密遣人如採樵者而出於是結陣鳴鼓而來大呼曰左軍至士卒皆呼萬歲夜令軍中多布火而食賊謂官軍至未曉而退

王鎮惡襲江陵取劉毅去江陵二十里舍船步上舸

畱三人對岸上立旂安鼓語所畱人曰計我將至城便長鼓若後有大軍狀又分隊在後令燒江津船鎮惡徑前襲城揚言劉藩西上泮戍及百姓皆以爲劉藩西上晏然不疑將至城毅將張顯之迎之不見藩又望見江津船艦被燒而鼓聲甚盛知非藩即馳告毅而鎮惡已入城毅自縊江陵平後二十日大軍方至

靖難時平安圍北平劉江救之以礮響爲號一礮至二礮決圍三礮入城又軍士多十礮方至一響之後

為殷者放礮常不絕聲平安以為大軍至駭而散大抵疑兵在後必勇鬭在前特恃疑兵恐敵使之不敢抗耳若敵之心既恐吾之鬭不力致成敗莫決積日延時虛實自露敵知而乘間用奇不但無益且取敗矣

招撫

夫有能之將非必以殺為務也要在平定安戢之耳則有識將相奇謀只是招者豈至言也哉顧其所招何如耳元惡不可不誅脅從不可不撫戎狄豺狼不可不誅

赤子詿誤不可不撫亂世思亂叛者四起不可不且誅
且撫治世同倫一夫倡亂不可不有誅無撫撫字行而
回心向化則撫可以為常急則降而緩復思亂則撫斷
不可用撫之說毋論天地好生並育並載即好兵惡殺
恐誅之而不可勝誅矣是以道家忌三世為將而曹彬
曹翰之後一倡而不復振者蓋殷鑒也故大將入人之
境凡遇父老童稚歸誠請命輒停車慰勞之即有俘獲
倘非正戰亦用美言叮嚀告戒犒而遣回所以彰吾大
德釋彼戰心天戈所指到處稱降矣

建武時爲縣五姓共逐守長據城而反諸將爭欲攻之昊漢不聽曰使爲反者皆守長罪也敢輕冒進兵者斬乃移檄告郡使收守長而使人謝城中五姓大喜卽率歸降諸將乃賀曰不戰而下城非衆所及也

賀若弼伐陳拔京口軍令嚴肅秋毫不犯軍士於民間酤酒者立斬之所俘獲六十餘人弼皆釋之給糧勞遣付以敕書令分道宣諭於是所至風靡此宜撫而用撫也

朱儁擊黃巾賊韓忠於宛賊懼乞降司馬張超及徐

璆秦頡皆欲聽之雋曰兵有形同而勢異者秦項之際民無定主故賞附以勸來耳今海內一統惟黃巾造逆納降無以勸善討之足以懲惡今若受之更開惡意利則進戰鈍則乞降縱敵長寇非良計也

成化初平廣西猺亂守臣懦不能制以招撫縻之本兵王竑曰峽賊稱亂由守臣失策以招撫爲苟安長其桀驁譬諸驕子愈惜愈啼非流血撻之啼不止爲今之計當大發兵討之乃薦韓雍付之兵事卒平兩廣此不可撫而討之也

受降

兵家之務貳而伐之服而舍之則受降固其常也第降有眞僞爲將者須度其勢察其心覘其人如敵勢方相親附敵心尚爾堅鋭其爲人素稱忠義智謀其甲兵猶强力量猶全非有必不得已之事則其降僞也非眞也倘其事勢離沮讒間方興糧食已匱兵民旣竭惴惴焉朝不保夕欲更新而易向避禍以圖存則其降眞也非僞也即使眞降而受降之際必張吾甲兵嚴吾備禦以防不虞所謂受降如受敵者恐其以降襲我之懈誘我

之師綏我之攻且以降爲賊之內應而變起肘腋智慮及此斯爲老成而殺降之戒尤應書紳殺降不武無以勸來天道昭然報施不爽况竊戮良民僞稱賊級其罪寧可勝言耶

魏遣將慕容白曜擊宋宋將沈文秀遣使迎降請兵於魏白曜欲遣兵救之酈範曰文秀家墳墓皆在江南擁兵數萬城固甲堅戰強則據戰屈則遁去今無朝夕之急何遽求援且其使者視下色愧語煩志怯此必挾詐以誘我不可從也不若先取歷城樂陵等

處然後按兵前臨徐州不患其不服也白曜乃止文秀果不悅此能料敵之僞降也

魏遣將軍尉元救彭城西河公石救懸瓠宋兗州刺史申纂詐降於元元受而陰爲之備及師至纂果閉門拒之西河公石至上蔡常珍奇出迎未即入城博士鄭羲曰珍奇意未可量不如直入其城據有府庫制其腹心石遂策馬入城因置酒嬉戲羲曰觀珍奇意甚不平不可不備乃嚴兵設備其夕珍奇使人燒府屋欲爲變以石有備而止

梁蕭脩討長沙賊陸納軍於巴陵頃之納請降求送妻子脩曰此詐也必將襲我乃密爲之備納果夜以輕兵繼至鼓譟軍中皆驚脩坐胡牀於壘門望之畧無懼色徐部分將士擊之獲其一艦納退長沙此皆有備而無患者也

周將干謹從宇文泰攻邙山之役大軍不利謹率其麾下僞降立道左齊神武乘勝逐北不以爲虞追騎過盡謹乃自後擊之齊軍大亂大軍以此得全

隋涿郡守郭絢將兵討高士達士達自以才畧不及

竇建德悉以兵授之建德請士達守輜重自簡精兵拒絢詐爲與士達有隙而叛遣人請降於絢願爲前驅自效絢以兵隨之至長河建德襲之殺數千人斬絢首此皆無備而取敗者也

韓襄毅兵入大藤峽忽青袍方巾數十人出林中執香拜伏軍問之曰我等悉良民向執公役爲賊掠至官軍屢征未嘗深入無緣滅絕今公在此我等必得脫穽獲韓乃厲聲曰爾等皆賊敢欺我耶命悉裸而斬之皆有短兵裹于衣受降之不可輕信如此

白起獲怒於秦王行至杜郵賜劒令之自盡起長吁曰天何使我至于此既而曰吾死既晚長平坑卒四十萬是故當死也

李廣嘗謂望氣王朔曰自漢擊匈奴以來吾未嘗落後竟無功以取封侯何也豈吾相不當侯耶朔曰將軍試思之抑曾有歉于心否廣曰吾取隴西時曾殺降虜百人至今悔之朔曰殺降大不祥此將軍之所以不封侯也是皆爲誅戮降人之鑒

草廬經畧卷七　　譚瑩玉生覆校

草廬經畧卷八之目

安衆

愚衆

虛聲

先聲

草廬經略卷八　　無名氏撰

禁暴

兵之興也所以遏亂安民也暴而不禁是滋之亂而民愈不安殊非從來征伐本意故王者之師倡仁而戰扶義而征喜其來而悲其晚良以拔諸水火而厝之生全也師到之處無暴神祇無行田獵無毀土墳無燔牆屋無焚林木無掘邱墳無取六畜禾黍器械無掠婦女見其老幼慰歸無傷雖遇壯者不可無敵敵若傷之醫藥歸之秋毫無犯市肆不易皆由主將禁戒之嚴故其下

奉命而不敢違也由是仁風遐揚士民讙呼鼓舞有若更生簞食壺漿迎降載道敵雖暴令不行於效順之民我即孤往可藉力於新附之士兵家所謂反客為主者此其是矣暴若弗禁民必悉其所歸逃匿大城與之竭力死守或藏谿谷蹤跡無朕吾糧食無從得攻取又無效然則向之不戢其眾者寧非自害歟

樂毅伐齊既勝於齊西畱徇齊城未下者毅整軍禁侵掠禮逸民寬賦斂除暴令脩舊政齊民喜悅六月之間乃下齊七十餘城

呂蒙入荊州盡得將士家屬皆慰撫之約令軍中不得於民人家有所求取蒙麾下士汝南人取民一笠以覆官鎧蒙以爲犯軍令不可以鄉里故而廢法遂垂涕斬之於是軍中震慄道不拾遺蒙旦夕使親近存恤耆老問所不足疾病者給醫藥饑寒者賜衣食府庫財寶皆封閉之以待權至或手書示關公人還私相參議訊問咸知家門無恙見待過於平時故吏士無鬭心

秦王猛伐燕長驅至鄴號令嚴明軍無私犯法簡政

寬燕民各安其業更相謂曰不圖今日復見太原王
王猛聞之嘆曰慕容元恭可謂古之遺愛矣
岳武穆士卒饑死不擄掠凍死不撤屋常駐鍾村軍
無見糧將士忍饑不敢擾民
魏拓跋英圍齊南鄭禁士卒無得掠暴遠近悅附爭
爲租運
高皇帝欲發兵取鎮江慮諸將不能禁戢士卒爲民
患遂召諸將數以常縱軍士之過欲罝之法李善長
力救乃免徐達曰爾當體吾心戒戢士卒城下之日

毋焚掠毋殺戮有犯令者處以軍法縱之者罰無赦逵等頓首受命旣克鎭江兵不血刃號令嚴明城中晏然不知有兵及常遇春剋饒州命汪廣洋諭之曰汝與遇春言熊天瑞處孤城豈能逃遁但恐城破之日殺傷過多要當以保全生民爲心一則可爲家國用一則可爲未附者勸且如鄧禹不妄殺戮得享高爵子孫昌盛此可爲法向者鄱陽之戰友諒旣敗生降之兵至今爲我用縱有逃歸者亦我之民前克湖廣諸軍士無入城故能全一郡之民苟得郡無民何

盜遇春如命而歸仍褒諭曰予聞王者之師無敵非仁者之將不能也今將軍破敵不殺是天賜將軍以隆我國家千載相遇非偶然也捷書至予甚爲將軍喜雖曹彬之下江南何以加之將軍能廣宣威德保全生靈予深有賴焉太祖此諭眞三代時雨之師也至有不能戒輯其衆者如王僧辯雖有滅侯景之功而馭下無法軍士擄掠驅迫居民都下百姓緣淮號呼翻思景焉此豈伐罪弔民之義耶

逐利

所謂逐利者凡要害之當據積聚之當取空虛之處當襲懈弛之當掩機勢之當乘地利之當爭皆兵家之所便也孫子曰舉軍而爭利則不及委軍而爭利則輜重捐故只用偏師銳卒日夜不處捲甲趨之輕兵赴之使敵失其所恃而徐以大軍繼之則所爲無不如意蓋利之所在我與敵皆爭惟先至者得之得則人爲我制不得則我爲人所制是以寧速無緩寧我制人毋人制我也倘遷延觀望見利不趨敵得從容成備謀慮已周險阻盡守後時失機底績爲難第宜參伍詳審必得則往

恐敵陽以利而誘我我誤趨之必爲所敗如委棄輜重畜牧糧食貨財之類者是謂餌兵斷不可逐也

桓溫伐蜀封孚問於申允曰事將何如允曰以溫聲勢似可有爲然吾觀之必無成功溫驕以恃衆怯於應變大軍深入値可乘之會反逍遙中流不出赴利欲望持久坐取全勝若廩糧愆懸情見勢屈不戰自敗此自然之數也

夫逐利遲則不可況見利不逐能無後悔耶是故江陵有軍實昭烈閣連不進是以敗於當陽而窮於夏

口蜀中一日數驚孟德得隴不望蜀是以遲於七日而悔於終身若是乎利不可不逐而逐利不可不速也

乘勝

兵何以宜乘勝也勝則敵之心膽已摧我之銳氣益壯以方勝之氣當已疲之敵所謂勢如破竹數節之後迎刃而解也乘之云者謂吾之銳氣過久則衰敵之衰氣漸養則振釋此不乘因循荏苒機會一失悔無及也第患乘勝之時驕而玩敵禦備不嚴忠讜不納彼懼而深

計我忽而寡謀我欺敵以長驅彼多奇以待我一蹶不振獘在陵人故軍勝彌警將之明鑒也

徐道覆因劉裕北伐勸循乘虛取建業循從之何無忌禦之敗死劉毅與戰於桑洛大敗其眾皆為循虜尚書孟昶震懼自殺劉裕兼程回救循聞裕已還與其黨相視失色欲退還潯陽取江陵據一州以抗朝廷徐道覆謂宜乘勝徑進固爭累日循乃從之至淮口中外戒嚴裕謂將佐曰賊若於新亭直進其銳不可當宜且避之若回泊西岸此成擒耳道覆請於新

亭至白石焚舟而上數道進攻循曰大軍未至孟昶望風而靡以大勢言之當計日困亂今決勝負於一朝既非必克之道且多殺士卒不如按兵待之道覆曰我終為盧公所誤事必無成使為所得為英雄馳驅天下不足定也劉裕登城見循軍引向新亭顧左右失色既而回泊蔡州乃悅遲延數月裕率諸軍齊力擊循大敗之循走死此不乘既勝之勢以蹴人故反為人所敗也

秦王敗薛仁杲之將宗羅睺因帥騎擊之竇軌叩馬

苦諫世民曰破竹之勢不可失也遂進圍之果降此乘勝而收全功者也

宋臣謂其主曰金人非眞能善用兵不過乘勝耳盖當勝之後乘而直進無論邊城外破士女內震有瓴瓴之形而備禦未收人心未協無自保之策故雖英雄到此亦難展手第乘之心與愼之心宜並用耳

應卒

强敵倏臨精兵奄至如火發於袖蠆起於懷未有不張皇失措者也夫將先自搖也則三軍之士不戰而自潰

矣故必處以堅忍鎮以定靜從容指揮佐以奇譎俾士卒爭死而用命駭愕而很奔自非智勇之將必不能矣蓋變起倉卒雖士伍容易紛擾然敵亦未必遽知我之虛實定靜則我神情恬而衆有所恃而不恐奇譎則我之設施巧而敵乖其向以斂迹茲所以免於敗也既免危機然後徐圖勝算此於事急驚亂漫無主張敵因而蹴之遂大敗不可救者相逕庭矣

石虎遣麻秋攻枹罕張重華遣謝艾率步騎三萬進平臨河艾乘軺車戴白帽鳴鼓而進秋望見怒曰艾

年少書生冠服如此輕我也命黑稍龍驤三千人馳擊之艾左右大擾艾據胡牀指揮處分趙人以爲有伏懼不敢進艾命將張瑁自閤道引軍截趙軍後趙軍退艾乘勝進擊大破之虎嘆曰吾以偏師定九州今以九州之力困於枹罕彼有人焉未可圖也

魏梁州刺史跖跋英擊齊軍於漢中將還齊軍已至將士皆疲大懼欲走英故緩轡徐行神色自若登高望敵東西指揮狀若處分然後整旅而來齊疑有伏遷延引退英追擊破之

梁韋叡攻魏渦陽魏王奄至放營未立麾下纔二百人放免冑下馬據胡牀處分士殊死戰莫不以一當百魏兵遂退放叡之子也

張守珪爲瓜州刺史帥餘衆築故城板榦裁立吐蕃猝至守珪於城上置酒作樂虜疑有伏不敢攻而退珪縱兵擊之虜敗走

劉詞攻河中李守貞遣死士數千人夜入其營將士怖懼不知所爲詞神色自若令於軍中曰此小盜耳不足驚也遂免冑橫戈叱短兵以擊之賊敗退

韓世忠遣王淵討方臘次杭州賊奄至勢甚張大衆惶怖無策世忠以兵二千伏關堰賊過伏發衆蹂亂世忠追擊賊敗而遁

威寧伯王越與保國公朱永斂兵千在大同周視邊所虜兵猝至且衆永欲走越厲聲曰勿復言即揮兵上山屯札嚴守曰若走撞陣被其長驅入城此禍誰當令我已占上遊與戰必利遂驅兵下馬於中選勇士三百自將於後餘七百人永帥而前俱令銜枚不許前兵反顧違者斬以徇務使一一如魚貫少有參

差亦斬以殉列爲陣行時已向暮虜兵憊懈越急命諸軍從山後依前令行五十餘里始抵城下不失一人此應變之法也

因勢

凡兵定有一勢惟因其勢而利導之者爲得算蓋敵勢萬變不齊善戰者惟隨勢以應而我無定局是謂勝於易勝也敵欺我則驕之敵畏我則恐之敵勇而愚則誘之敵輕而躁則勞之敵過慎而葸則疑之敵上下猜嫌則間之敵好襲入則佯爲無備敵好侵掠則委利以餌

敵務於進則設伏以致之敵志在退則開險以擊之凡如此例難容悉數皆因敵情以導之耳敵既入我穽中乘勢出奇選鋒突擊覆之猶反手耳

齊人救趙直走大梁孫子謂田忌曰彼三晉之兵素悍勇而輕齊號齊爲怯善戰者因其勢而利導之遂減竈而退龐涓追之行三日見竈日減喜曰我固知齊兵怯入吾地三日士卒已逃者過半矣遂追至馬陵道遇伏而敗死此敵欺我則驕之也

突厥史德反唐遣裴元儉爲定襄道行軍大總管討

之先是都護蕭嗣業討鹵不克死敗接踵皆爲糧車數爲鹵抄掠以致軍餒死行儉曰以謀制敵可也因詐爲糧車三百乘車伏壯士五輩齎陌刀勁弩以羸兵挽進又伏精兵踵其後鹵果疑掠車羸兵走險鹵驅就水草解鞍秣馬方取糧而車中壯士突出伏兵至殺獲幾盡自是糧車無敢近者此因敵之侵掠故委利以餌之也

出困

軍之爲敵所困也必其勢不足以勝人然後敵乃憑陵

之而我之力不能支倘無奇策以應而第與之角力也
其何能解故必陰其謀祕其機詭其途祕用其銳匿其
伏乎蓋困人之心心無反顧而其所虞祇恐潰圍惟出
其背傾而覆之勢必驚奔或僞遁而伏奇兵以爭利或
設疑而藉虛勢以誑敵如敵强據險攻之難取則有太
公必出之法審知虛空之處命强壯居前材士伏後弱
卒居中鑿山開道暗地設奇敵覺而追左右疾擊多其
火鼓若從天降若從地出莫我能禦是謂必勝凡此之
謀皆非昏夜不可用也萬一敵兵圍合地無空虛當磐

軍中所有大賞三軍明示以力戰則生不力戰則死欲東而佯擊其西欲西而佯擊其東彼野圍遼闊勢不得堅一處受敵還相救助則各處抽兵漸薄矣視其薄處而疾擊之可以得出既出之後伏奇待追轉敗爲功將之善算也

漢段熲遷幷州刺史進軍擊當煎種于湟中熲兵敗被圍二日用謀士樊志張策潛師夜出鳴鼓還戰大破之

田豐說袁紹乘操南討發兵圍許奉迎天子曹操聞

之解襄圍而還張繡率眾擊之劉表亦遣兵救繡屯於安眾操軍前後受敵操乃夜鑿險僞道表繡率軍來追操縱奇兵擊之大破之

李密使麾下李勣率兵五千濟河襲黎陽開倉縱食宇文化及引兵北上圍黎陽密使勣守倉掘塹以自環化及攻之勣爲地道出鬭化及敗引去

成化初寬河衞千戸王信以功遷指揮使移守荆襄値石利上劉千斤反信進據房陵民兵不滿千人賊四千餘眾突至圍之主帥逗留不援信乃多張旌旂

舉火晝夜不息歷旬餘間以死士出城五六里舉火鳴礮賊以爲援兵至且驚走追斬有功進都指揮同知

段頲李勣潛于圍外反攻也曹操僞遁以誘也王信設疑而藉虛勢也或出其不意或多方誤之實皆陰其謀而用其鋭者也

嚴備

夫有備之勝無備也自古然矣與其倉皇於敵至之秋孰若預防於未至之日爲將者愼毋謂我糧餉足而城

池固遂可弛備也嘗見無備之將皆緣有所恃是以敵得因其無備而襲之況無所恃乎備之之道城必欲其高厚池必欲其深廣器械必欲其精利糧餉必欲其充足猶未也關津必飭阨塞必修强銳必聚英雄必用巡視必警斥堠必遠偵探必密此守法也至若我師野處賊寇將臨須據險阻以立壁壘須擇勝地以置堅陣仍設伏於前以爲奇兵再設伏於後以防不測軍行而備之者地廣不廢陣地狹不廢隊最狹小不廢行伍毋使敵至而亂至則先據險要俾敵莫能攻而偵聽探視尤

宜絡繹備禦已嚴斷難侵軼卽不勝亦不至於敗也

邾人以須句故出師公卑邾人不設備而禦之臧文仲曰國雖小不可易無備雖眾不可恃也君無謂邾小蜂蠆有毒而況國乎弗聽戰於井陘我師敗績邾人獲公冑懸諸魚門

楚子伐鄭已服楚矣晉人救之軍於敖鄗之間彘子欲戰趙括趙同黨彘子激怒楚人郤獻子曰弗備必敗彘子曰鄭人勸戰弗敢從也楚人求成弗能好也師無成命多備何爲士季曰不如備之楚人無惡除

備而盟何損於好若以惡來有備不敗彘子不可士季使鞏朔韓穿帥七覆於敖前故楚至而上軍不敗

梁遣馮道根守阜陵初到脩城隍遠斥堠如敵將至衆頗笑之道根曰怯防勇戰此之謂也城未畢魏法宗奄至衆皆失色道根命大開門緩服登城遣精鋭出戰破之魏人見其意思安閑戰又不利遂引去

魏勝在海州初起義時無州郡糧餉之饋無府庫倉廩之儲經畫市易課酒榷鹽勸糴豪右環海州度視敵兵攻取處築城浚隍塞關隘在軍未嘗一日懈弛

恆如敵至

內應

內應之兵多緣納叛招降然令人心疑而易識是以其策常洩洩則敵因而詭我鮮有不敗者臨陣始降不暇詳審然亦非萬全策不若選我慧黠之士其精銳一可當百者佯為商賈先事而往兵臨城下應者夜焚民居火光四徹詐呼敵入兵民囂亂乘機成事或久而圍之猝解而遠去彼受困之城米珠薪桂賣薪負販彼必無疑外兵倍道而襲無有不克營應陣應差為稍難俟彼

召募方可乘間至於羣盜烏合之衆應尤易入大抵奸細在內宜早應之於外久則敗露非勝算也

魏蕭寶寅崔延伯既破莫折天生引兵會祖遷等於安定討醜奴軍威甚盛醜奴待以輕騎挑戰兵未定輒退去延伯恃勇乘擊之有賊數百騎持文書詐降寶寅延伯未及閱視賊將宿勤明達引兵至與降賊腹背擊之延伯大敗

李希烈據許時有李元平者薄有才藝性疏傲敢大言好論兵事關播異之薦於上以爲宰相之品以汝

州近許擢元平爲別駕知州事元平至郎募工徒治
城希烈陰使壯士數百人往應募繼遣其將李克誠
將數百騎突至城下應募者於內縛元平馳去
相州有劇賊陶俊賈進利爲亂岳武穆請以百騎滅
之遣卒僞爲商人賊境賊掠以充部伍武穆遣百人
伏山下自領數十騎逼賊壘賊出戰飛佯北賊追之
伏兵起先所遣卒擒俊及進利以歸
安衆
劇圄强寇勢若風雷兵士鮮不恐懼危疑是不戰而有

自潰之機矣爲將者苟無術以安此敵乘勢蹴我斯敗壞不可收拾故必處以恬靜示以從容或躬親不急之務或矯語不足畏之言或虛張有可恃之勢或假托於鬼神或巧依於術數雖矯情鎮物事出非眞實所以安之而使之無恐然後設施變化因敵出奇弱可使强危可使安非天下之大智其孰能之

吳漢率耿弇王常等擊富平獲索二賊於平原賊率五萬餘人夜攻漢營軍中驚亂漢堅臥不動有頃乃定卽發精兵出營突擊大破其眾

張寔爲匈奴中郎將時休屠各及朔方烏桓并同反叛焚山燎林烟火相望兵衆大恐各欲亡去寔坐帷中與弟子講誦自若軍中稍安乃潛誘烏桓陰與通和遂使屠各渠帥襲破其衆諸胡悉降

周訪討杜曾時曾勇冠三軍兵勢甚盛訪惡之鋒刃方交訪親於陣後射雉以安衆心

魏主冉閔既克襄國因竄食常山諸郡慕容恪等擊之閔趨常山恪追於魏昌之廉臺燕十戰皆不勝燕人憚之恪巡陣諭將士曰閔勇而無謀一夫敵矣其

士卒饑疲甲兵雖精其實難用不足破也

魏跖跋英圍南鄭城中洶懼參軍庾域封題空倉數十指示將士曰此粟皆滿足支一年但努力堅守衆心乃定

他如陸遜之種豆謝安之圍棋賭墅皆因人心之危疑而安之也

愚衆

凡戰勝攻取之妙可藉三軍爲之不可使三軍知之故曰易其事乖其謀使人無識易其居遷其途使人不得

慮又曰犯之以事勿告以言犯之以利勿告以害所謂將軍之事靜以幽者皆所以愚士卒之耳目而使之無畏敵也或激之而使奮或誘之而使趨或置之死地令有決勝之心或絕其生途令有必守之念施無法之賞而令貪者忘其身懸無政之令而使憚者勇於赴大都籠絡眾心鼓舞眾志如驅羊驅而往驅而來莫知所之此非萬眾獨愚一人獨智也駕馭之權操之在將而受其馭者必受其愚即間有微知而法施於不敢逆勢極於無所逃又不得不勉從之也

曹孟德討張繡兒沿途麥遶田疇乃下令蹂躪者斬操馬誤入麥田即下營召主簿擬罪欲自刎郭嘉力諫曰春秋之義罪不加於至尊操曰吾自制令而自犯之何以服衆乃斬其髮曰權代吾首於是萬衆竦然過麥田下馬扶麥而行惟恐其倒

句踐伐吳潛取重囚而誅之徉示三軍曰此犯某令者未幾復取重囚而誅之曰此犯某令者如是數四故其士卒奉令惟謹此皆愚衆而使奉令者也

漢度尚募諸蠻夷破賊軍中大得鹵獲士衆驕富無

戰心尚患之宣言兵少未郎進兵縱士卒出獵潛焚其營珍貨皆煨燼衆歸而泣尚曰無恤也卜陽潘鴻爲盜數十年珍寶山積若能克捷所獲必倍於前由是鼓進而攻破之此犯之以利也

白起入楚其所過皆伐梁焚舟而士遠鬬窮戰計無反顧此置之死地而戰益決也

劉錡守順昌命鑿舟沈之以示無去意而衆心乃固此絕其生途而守益堅也

馬隆募壯士救梁州武帝命其將士皆先加顯爵不

拘常典此謂施無法之賞也
尉繚子云離地逃者身死家殘發其墳墓暴其骨於市妻子公於官此所謂懸無政之令也投醪吮疽而士樂死此以愛愚衆也斬嬪誅賁而人人不敢犯此以法愚衆也

虛聲

夫虛虛實實之防固無窮矣善兵者詭張遠誑能以虛聲悚敵之心而乘其所向使東西顧盼進退躊躇心搖而弗能定見利而不敢邀低徊延緩然後我得乘間抵

隙以戰則利以攻則取矣其間或聲東擊西或聲彼擊此或聲遠擊近或聲近擊遠俾敵不知所備則我所攻者敵所不守也兵法云善攻者敵不知其所守斯其然乎而措勝之方亦在察敵之將而用之也

耿弇攻張步步使其弟藍能將精兵二萬守西安諸郡太守合萬餘人守臨淄相去四十餘里弇進兵居二城之間弇視西安城小而藍兵又精臨淄城大而易攻乃勅諸部兵俟五日後攻西安藍聞之日夜爲備至期蓐食會明至臨淄出其不意而拔之

蕭寶寅使薛脩義圍河東魏使楊侃救之脩義驅民西圍郡城其家皆劉舊村一旦聞官軍至皆有內顧之心必望風自潰矣魏乃使其子彥與侃率兵北渡據兵堆壁命送降民各還其村俟臺軍舉火三烽亦舉烽以應無應烽者皆賊黨也當進擊屠戮之以所獲賞軍於是村民轉相告語雖實未降者亦詐舉烽一宿之間火光遍數百里賊圍城者不測各散歸脩義降

陳洛州刺史獨孤永業守金墉周主攻之不克永業

逼夜辦馬槽二千周人聞之以為大軍且至憚之

張士誠遣呂珍率兵十萬圍諸暨守將謝興告急於

李文忠忠以嚴州兵少兼密邇桐廬賊境而衢信兵

出江西無兵應援乃與下議曰兵貴虛聲乃張榜于

賊境詐云邵榮領兵五萬已出江右徐達領兵五萬

已出徽州約會金華剋日進抵諸暨勦捕賊兵見榜

具告呂珍退五十里下營以待決戰胡德濟夜半乘

勢出擊大破之其退北鹵至阿魯河渾也鹵騎滋多

文忠據險為營以示單弱仍椎牛具食為犒大軍狀

鹵疑有伏相率引去

宸濠反王守仁恐賊順流東下速出而留都無備密遣諜四出投檄言京師湖廣南京淮浙福建廣東廣西討賊之兵俱以遣發期會江西以疑宸濠使不敢出賊見檄果疑四路兵至不敢直趨南京遲回數日始出南昌攻南康九江安慶而守仁已大集矣賊遂敗

夫耿弇之佯北攻西安文忠守仁之揭榜投檄是虛其聲於言也楊侃之烽燧永業之馬槽李文忠之椎

牛具食是虛其聲於事也虛聲在我實信在敵信則情乖必致之事也而欲窺敵之爲虛又須籌度其事勢之符違出吾明哲料敵論事縷縷逼眞不爲虛惴乃爲得之

先聲

兵有先聲而後實者謂之先聲奪敵之魄故不煩兵而敵自服也必其戰勝之威如火烈烈如風發發無攻不破無陣不摧然後可以張大其辭敵心怖則彼無見襲之危我無力戰之苦所謂百戰百勝非善之善不戰而

屈人之兵善之善也且數戰之後兵力既疲以既疲之兵圖不可必之勝鮮有能濟者故張我軍實震我先聲俾敵聞之或恐懼投降或未戰自遁皆兵之機所謂用力佚而成功捷也

韓淮陰既克趙聽廣信君之策遣使宣威招降七十城燕從風而靡

曹操既平荆襄遺書孫權曰近者奉辭伐罪旌麾南指劉琮束手荆襄之人望風景附今治水軍八十萬衆欲與將軍會獵於吳權以示羣下莫不響震失色

張昭等皆勸迎之惟周瑜魯肅不從倘國無人焉孫氏不血食矣

魏將軍白曜將攻肥城酈範曰肥城雖小攻之引日勝之不益軍勢不勝足挫軍威彼見白鹽之破不敢不懼若飛書諭之不降即散矣白曜從之肥城果潰得粟三十萬斛

梁攻魏渦陽城魏救之作十三城欲以控制梁軍陳慶之銜枚夜出陷四城渦陽城主王緯乞降三十餘人分報魏諸營陳慶之陳其俘馘鼓譟隨之四城皆

潰

元伯顏攻破宋之陽邏堡斬王達軍大潰夏貴僅以身免諸將請誅之伯顏曰陽邏之捷吾欲遣使前告宋人而以貴代吾使不必追也自是伯顏東下勢如破竹皆先聲所及宋主不支也

草廬經畧卷八

譚瑩玉生覆校

草廬經畧卷九之目

誤敵

怒敵

餌敵

草廬經略卷九

擊强

無名氏撰

大敵在前兵精勢銳志在深入陵我郊圻此而欲與之浪戰非策矣當阨塞險阻堅壁守之使不得進分遣奇兵斷其運道截其後援奪其所恃乖其所之淸我之野飽能饑之佚能勞之治能亂之漸見困敝乃可乘矣於是微而怒之佯而誘之令入險阻乘高布伏四面夾擊彼縱欲衝突而地不可施縱欲爭長而四面難支如與猛虎相持先縶而擾之敝而餒之使其搏噬莫加氣力

漸弛徐施陷穽令其自墮此法蓋持久以待其衰多方以誤其趨先務高城堅壘精器足糧庶有所恃而曠日緩之是善守者藏於九地復蓄士卒之力因戰地之利爲無窮之奇是善戰者動於九天既以守而待攻復以戰而乘敝敵雖强直鞭箠使之耳

金兀朮會諸將攻和尚原吳玠命諸將選勁弓强弩分番迭射號駐隊矢連發不絕繁如雨注敵稍怯則以奇兵旁擊絕其糧道度其困且走設伏於神坌以待之金兵至伏發衆大亂縱兵夜擊大敗之後又攻

仙人關殺金坪玠以萬人當其衝與弟璘死據其地力戰不退戰士少懈急屯第二隘用駐隊矢迭射金人百計攻之不下玠度可戰明日大衆出衆兵統領王喜王武率銳兵分紫白旗入金營金陣亂宵遁遣統制張彥劫其橫山砦王俊伏河池扼其歸路又敗之玠兩扼強敵先用駐隊矢連射而兵不出者所謂強而避之也繼以奇兵旁擊絕其糧道所謂飽而饑之也度其困且走與金人百計攻之不下而玠度其可戰者是佚能勞之也伏神坌河池以擊之者用地

利以戰也深得擊强之宜從來良將擊强敵未有不
先避之者
陸遜之擊元德曰備猾虜也更事常多其軍始集思
慮精專不得我便兵疲意沮計不復生犄角此寇正
在今日是誠見之審矣蓋敵之始進其鋒正銳當之
未有不碎者彼求速戰吾積日延時堅壁臨之銳者
挫矣況運道懸隔糧餉愆期野無所掠飽者饑矣既
挫且饑吾復勞之敗形自露猶懼敵之侵軼我也而
乘險以擊是又先爲不可勝也至四面夾擊則吳子

五軍擊強之道也

擊衆

擊衆者利險阻利昏夜兵家固已言之又當觀敵之用其衆者何如耳倘其正兵倍我而其餘皆奇也截後擊旁擣虛扼亢匿伏以爭利據險阻分其勢出奇無窮令我應接不暇如此者名爲智將宜伺便相機勿與輕戰如悉勒其衆雲屯烏合橫亙蔓延以爭一戰之勝此庸將也雖衆可虜擊之者使驍將統銳士分爲數道一擊其前一擊其後一擊其左一擊其右大呼陷陣縱橫衝

突使其士伍諠囂行陣錯亂前後不相及衆寡不相恃貴賤不相救上下不相收卒離而不集兵合而不齊若敵兵方行未艾勢必先後續至吾搏前擒後擊左獵右蓋敵雖衆而不善其用則分數不明人心不協受攻之處聲息不聞救應難及一處潰散轉相驚怖勢若崩山軍資器械爲我之用是謂勝敵而益强也

梁王景仁率其軍七萬餘人與晉周德威戰於鄗南梁軍横亘六七里汴宋之軍居西魏滑居東晉人不戰至未申時梁軍饑且疲將退東偏塵起德威鼓而

進麾其西偏曰魏滑軍走矣又麾其東偏曰汴宋軍走矣梁陣動而不整乃皆走遂大敗

劉曜禦石勒於洛陽曜衆十餘萬陣洛西亘十餘里勒望見曰可以賀我矣自與石虎等分軍進擊曜敗就擒

苻堅伐晉遣朱序來說謝元等降序固晉臣也先為秦所擄私謂元曰若秦百萬之衆俱至誠難與為敵宜及其未盡至敗其前鋒則彼已奪氣可遂破也元從其言遣劉牢之率兵五千敗其先鋒梁成於洛澗

斬之遂進與秦軍戰於淝水堅麾諸軍稍退欲俟晉半渡而以鐵騎蹂之秦軍退不可復止序在軍後呼曰秦軍敗矣軍遂走

夫梁陣動而不可整秦軍敗矣退而不可止皆緣人衆陣大視聽不一轉相訛誤也而石勒之分擊則令衆人不及相救雖衆安得不敗夫敵衆而無紀律固易敗也然紀律之明部伍之肅自非韜鈐其孰不能古以少擊衆無如岳武穆每以數百騎橫蹂大敵雖緣士精將悍還因見機李光弼屢敗史思明亦以寡

也其背城禦敵必不野戰是利險阻也勅郝廷玉倫惟貞等各引數百人以攻其堅是分數也約大旂三麾至地諸軍畢入死生以之是大呼陷陣縱橫衝突也以吾之寡擊人之眾倘非力戰又弗觀釁雖有濟矣信乎不離成法者近是

度險

凡大山大水坷坎狹隘險阻林木沮澤之處俱險也敵人薄我正惟此地我欲渡之其術安在不得嚣行必以次序先為不可勝以待之而已次選精銳索其有伏與

否伺敵之隙預涉其所相地結營堅立壁壘度涉備禦然後大衆徐徐整列以次而濟敵雖善襲我之家計業已先立持重臨之彼計自詘設奇制敵又屬後圖而嚴兵防後倍宜留心萬一敵人狡譎知我前軍備則後必無虞潛師間道俟我半渡從後反擊無有不克此爲將者所宜防也而既渡之後即須防遏勿使敵兵阻塞斷其糧道截我輜重絕我歸路此尤爲長慮而却顧者

晉人伐鄭鄭遣使求救於楚使歸鄭詢楚師何如封曰楚不可用也其來甚速過險不戒其後楚果有鄢

陵之敗

楚屈瑕伐羅及鄢亂次以濟師遂不整爲羅所敗

楚子庚伐鄭欲過潁水恐鄭襲之乃使右師先城上

棘

趙充國伐羌至金城兵不滿萬騎欲渡河恐爲虜所遮卽夜遣三校尉銜枚先渡輒營陣會明畢遂以次盡渡數人者或如法或不如法而勝負因之誰謂兵行險阻可輕進耶至若謹備敵之從後反擊如馬超之擊曹操於渭河慮敵之窺我既渡以兵塞之如成

粵雅堂叢書

安君請騎三萬出井陘之險以截韓信之後是亦理勢所必有者可無防耶

薄險

薄險者迫諸險而擊之也凡水澤沮洳之濱山林傾側之所地勢崎嶇迂邪狹險若此之類車不得方軌騎不得比行隊伍不得森列前者雖至而未整後者方行而未息人馬數顧行陣絕續人心未一銳氣未張備禦未嚴此正可以憑陵之也我欲勝之亟宜薄之車馳卒奔乘勢而蹴以一擊十必使無措須於敵之未至飽士卒

蓄戰力靜息以待假令敵素持重審而後涉便宜斂軍祕迹退處潛伏俟其半渡然後馳之無弗勝矣倘前軍有備尾擊亦宜雖間道潛兵襲其不虞必敵無後援而後可相機用智總在將心因地出奇無庸錯過

宋襄公及楚人戰於泓水宋人既成列楚人未既濟司馬曰彼衆我寡及其未濟也請擊之公曰不可君子不困人於阨既濟而未成列又以告公曰未可既成而後擊之宋師敗績國人皆咎公公曰古之爲軍也不以阻險寡人雖亡國之餘不鼓不成列世笑以

為宋襄之仁

宋興師北伐漢遼冀王敵烈及耶律沙救之與宋師遇於白馬澗沙欲阻澗以待後軍敵烈不從渡澗迎戰陣未成列宋將郭進薄之遼師大敗敵烈等皆死會耶律科軫兵至沙得免

夫薄險之師成列雖易而進退之間將有權宜故孫子云我出而不利彼出而利曰支地支地者敵雖利我我無出也引而去之令敵半出而擊之此為智將乃不墮機宜持重以臨人毋輕進而為人薄是以晉

楚隔一水而兩不濟卒罷兵而交退焉倘欲必濟而進取先潛師以掩襲其後敵見我之掩其後也驚怖而退我始可進而可以免于薄矣

守險

險者內地之藩屏得險而守之則敵不能進而境內安故守城不如守險以敵攻城易而攻險難而我守險易而守城難也滾木壘石守險之物材士射手守險之人堅壁重壘守險之備毒弩火藥長戟脩矛守險之器也險阻既守別徑宜防恐敵由之擊我腹心倘若交鋒不

宜浪戰須乘高據險出奇匿伏彼既勞疲自應引退慎勿輕追恐爲所誘第俟諸險道旁而擊之蔑弗勝矣即欲追擊必審虛實如果糧盡食乏志切言旋士必懈弛銳氣沮喪選吾驍勇踵而覆之如振槁葉易於摧落

劉曜克洛陽圍石生於金墉後趙王勒自統步騎救之濟自大堨謂徐光曰曜陳兵成皋關上策也阻洛水中策也坐守洛陽此成擒耳及至成皋勒見無兵大喜曰天也竟至洛陽破曜而虜之

苻堅遣將呂光破龜茲光入其城見城如長安宮室

甚盛其境饒樂入居之天竺沙門鳩摩羅什曰此不足留將軍但東歸自有福地可居乃以駝三萬頭載外國珍寶驅駿馬萬匹而還涼州刺史梁熙謀閉境拒之高昌太守楊翰曰光新破西域兵强氣銳聞中原喪亂必有異圖若出流沙其勢難敵高梧谷口險阻之要宜先守之而奪其水彼既窮渴可以制之如以爲遠伊吾關亦可拒也度此二阨雖有子房之策無所施矣熙不聽爲光所敗

金人侵蜀吳玠收散卒保和尚原積米繕兵列栅爲

死守計或謂玠宜退屯漢中扼蜀口以安人心玠曰我保此敵決不敢越我而進堅壁臨之彼懼我躡其後是所以保蜀也

夫石勒以守成臯爲上策蓋以成臯既守無路可通洛水逶迤別津可涉揚翰高梧之必勝計在奪水則敵勢西北徼外沙磧千里從古至今患難得水胡人入貢多以車載水而行亦方域之不得不然也吳玠堅壁守險恃敵不敢越彼而進懼躡其後而審勢觀變又在乎人倘或敵人勢重强逾十倍以二一與我立

陣相守以二沿途嚴備其六則長驅直搗傾其腹心藩籬雖在亦終無益唐李淵以諸將守河東而自以精兵入關者是也

奪險

奪險之法非力戰誠不可矣然敵既據險以迎戰我仰而攻之損士卒不既多乎敵見逼而備禦嚴我重傷而備不得是自困之道也須於進之之始且勿急攻陰令士人潛引死士疾若猿猱者或竊從間道或攀緣巖谷多帶旂幟鼓角入彼左右隱伏以俟我大兵然後鳴鼓

以進外兵既交內應張旂鼓譟銃礟喧填賊必謂我已入天險無不恐懼潰散者蓋山崇谷峻鳥道縈迴但非容易可登豈得盡云無隙明攻暗入倏忽若神從古英雄多循此道至若水險法亦相同彼阻水以堅守我陣而佯渡潛遣偏師別取他津銜枚迅濟出其不意彼自驚亂大兵乘亂如入無人之境矣

德慶侯廖永忠攻瞿塘其關山峻水微而蜀人設鐵索飛橋橫據關口我師不得進乃密遣壯士數百人舁小舟踰山度關以出其上流人持糗糧帶水筒以

澬饑渴山多草木令軍多衣青蓑衣魚貫而出崖谷間蜀人不之覺也度其已至乃率精銳出壘葉渡分爲兩道夜五更以一軍攻其陸寨以一軍攻其水寨攻水寨將士皆以鐵裹船頭置火器而前黎明蜀人知覺盡銳來拒而永忠已破陸寨矣既而將士舁舟出江者一時俱發上流揚旂鼓譟而下蜀人大駭下流之師亦擁舟前進發火器夾攻大破之斬其將鄒興遂焚三橋斷橫江之鐵索與湯和分道而進

王新建伯受命攻桶岡橫水左谿賊酋謝志山蕭貴

模聞官兵至集眾禦之各據險隘設滾木壘石守仁未至三十里駐兵夜募鄉兵善登山者四百人各執一旂懷銃礮由間道攀崖入險分布進巢極高山頂伏覘賊令度我兵至險舉礮應之又先遣壯士緣崖奪險盡發其滾木壘石亡何守仁進攻賊據險迎敵忽聞近巢諸山頂礮聲如雷烟焰蔽天起守仁急麾兵擊之賊大驚走謂我兵已盡入其巢穴矣官軍乘勝進遂破橫水大巢志山貴模初以橫水在眾險中官軍不能至及見官軍四集遂棄險而走既而唐淳

又破左谿乃議攻桶岡而桶岡尤險阨賊首藍能闘鄰巢破恐甚守仁招諭之賊遲疑未決守仁乘其無備冒雨進師遂破桶岡

廣西田州土官岑猛叛姚謨奏討之分兵哨入猛勁兵盡在工堯諸將莫敢當險者沈希儀獨引兵當之去工堯五十里而軍進攻隘隘堅乃以奇兵十餘騎夜從間道繞出工堯之背立幟爲號黎明合戰賊殊死鬭我軍却麾而進又却希儀親斬怯者一人而提其首以令軍後麾而進先所遣間道卒已皆至登山

立幟賊望見山上旂幟大囂曰大兵得工堯矣此用奇兵奪山險也

傅友德沐英等伐雲南師至白石江達里麻陣於南岸我師作欲濟勢遣一軍泝流潛渡於陣後吹銅角樹旂幟爲疑兵於山谷達里麻益駭急列後兵拒之岸上軍心動而亂友德邀師渡江以勇而善水者先之執長刀蒙盾破敵軍敵却數里我師悉渡此用奇兵奪水險也

險者敵之藩籬險不奪師不可進舍死力爭固應得

巧節恐敵人因我欲進不能必將乘虛間出伏兵要路我至悉擒或爲內應佯示驚逃誘我搶奪臨險伏擊或潛遣偏師出我之後或出左右擊我不意故奪險者宜詳審而處險者宜陰備

築險

險阻之處在我爲要在敵爲害一或輕忽使敵得之便爲敵所制矣故當築而守之或扼彼之亢而使不得進或牽彼之後而絕其糧援或覘彼之勞而使之力分敵進則不能入守則有後患必懈而引還矣但築之者先

事宜祕密版插宜夙具用工宜迅速兵衛宜張大方其創始敵猶弗知逮知而爭以正兵嚴待以疑兵誑惑必趦趄而不敢輕進彼方猶豫我已成功迨其既至業已無及兵之善謀者也

周宇文憲禦齊齊將獨孤永業築崇德等城絕其糧道及汾州見圍於齊又築石殿城以為汾州之援

孝寬在玉壁時汾州之北離石城以南悉是為生胡所掠居人阻斷河路孝寬深患之而地入於齊無方誅翦欲方當要處築一大城乃於河西征役十萬甲

士百人遣開府姚岳監築之岳色懼以兵少爲辭孝寬曰計我成此城十日即畢既去晉州四百餘里一日創手二日僞境始知設令晉州召兵三日方集議謀之間自稽三日計其行軍二日不到我之城隍足以備矣乃令築之齊人果至南首疑有大軍乃停留不進其夜又令汾水以南傍介山稷山諸村所在縱火齊人謂是軍營遂收兵自固版築克就卒如其言

曹瑋守西邊開濠邊率深廣五尺山險不可塹者因其峭絶治之使藉以限敵要害處爲築堡皆塹其地

為方田環之
孟珙移鎮江陵原所置三海日久沮洳有變爲桑田敵一鳴鞭卽至城外蓋自城以東古嶺先鋒至三汊無所限隔迺復內隘十有一別作十隘於外有距城數十里者沮漳之水舊自城西入江因障而東之俾遶城北入於漢而三海遂通爲一隨其高下爲蓄泄三百里閒浩然巨浸土木之工七十萬民不知役
余子俊鎮榆林相度邊地畫形勢於沿邊一帶高山陡崖依山隨形地勢或剷削或累築或挑塹綿引相

接以爲邊牆東起淸水營之紫城砦西至寧夏之花馬池延袤二千里每二三里間爲對角敵臺砦砦連比不絕又於空處築短牆橫一斜二如新月形以爲偵探避箭之所甫二月而工畢自是虜寇益希而榆林至今爲重鎮及總督大同上言宜築宣大山西邊地與延綏同上然之即敕有司預備器物未幾爲言者所論敕令致仕

余闕守安慶亦大脩險阻引江水以環其城迄今爲江淮一保障皆增其壁固以爲堅守之計者也至於

敵之未至宜先於城外按視地形據險阻乘高環立
壁壘星羅棋布不得太遠立壘爲犄角勢比於脩險
時迫切事異此固宗澤之所以守東京而非坐而待
圍者也

間道

夫必由之途敵以嚴禦吾之大軍自不得進而可遂退
乎須厚結土人訪其間道令之導引潛兵入之雖山林
險塞跋涉爲難而心腹既入藩籬自潰蓋溪澗之處敵
所不得守即或防守兵亦不多敵以爲可懈之處我以

爲絕要之途輕齎約負卷甲銜枚死士當前期在必克此正攻其無備出其不意之法鏥冒險深入與大將旣違非可恃後援也非死戰不勝非迅速不得非必得不可得城得險在我有憑敵人聞之心膽皆碎腹背擊之勢必不支

王全斌伐蜀至劒門次益光軍不得進會諸將議曰劒門天險古稱一夫荷戟萬夫莫前諸軍宜各陳兵取之策侍衛軍頭向韜曰益光東越大山數重有狹路名來蘇蜀人於江西置砦對岸有渡自此出劒門

南二十里至青強店與大路合可於此進兵即劍門不足恃也全斌等即欲卷甲赴之康延澤曰來蘇細徑不須主帥親征且蜀人屢敗併兵退守劍門莫若主帥協力進攻命一偏師趨來蘇若達青強北擊劍門與大軍夾攻破之必矣全斌納其策命史延德分兵趨來蘇造浮梁於江上蜀人見梁成棄砦而遁蜀將王昭遠聞延德趨來蘇至青強即引兵退陣於漢源坡留其偏師守劍門全斌等擊破之

金撒離喝侵蜀攻饒風關吳玠自河池日夜馳三百

里以黃柑遺敵曰大軍遠來聊用止渴撒離喝大驚曰爾來何速耶遂大戰饒風關嶺金人披重鎧登山仰攻一人先登則二人擁後先登者既死後者代攻玠軍去弩亂發大石摧壓如是者六日夜死者山積而敵不退募敢死士人千金得士五千將夾攻會玠小校有得罪奔金者導以祖溪間道出關背乘高以闞饒風諸軍不支遂潰

潁川侯傅友德討蜀馳至陝集諸道兵揚言出金牛潛使人覘靑山果陽虛空階文雖有兵壘而守備單

弱於是引精兵五千爲前鋒趨陳倉攀緣山谷日夜
兼行大軍繼之直抵文州連克階州靑山果陽而進
此由間道以成功者
蓋間道人所不虞不虞則不備故易克也我克而深
入則敵之守備反在其外所以必潰其事與奪險相
類但間道有途而逶迤狹小險峻崎嶇非如奪險者
僅入旂𪔵鼓角以爲疑兵俾之震而遁也其入險之
具水則舁飛橋小舟山則有鉤繩軟梯鋤鍬斧斤之
屬皆宜全備

誤敵

從古兵家之取敗率由一誤誤則斯須之錯謬勝負之相懸譬若奕者兩敵相當並稱國手其下人誤下一著敵必乘之而全局皆失故良將之於敵每多方以誤之誤敵之法難容悉數或激之使躁於動或誘之使人貪於得或迫之使不得不往或緩之使坐安其患或欲東而佯擊其西或實進而謬爲之退使敵當守而不守當趨而不趨或趨其所不必趨守其所不必守我有無不如意之算彼有不可復追之悔所謂形之而敵必從之

如後之怒敵餌敵驕敵懈敵之類皆是也

岑彭擊秦豐豐與其大將蔡宏拒彭等於鄧數月不得進帝怪以詰彭彭懼於是勒兵馬申令軍中使明日西擊山都乃縱所獲虜令得逃亡歸以告豐豐悉其軍邀彭彭乃潛渡沔水擊其將張揚於河頭大破之從川谷間伐木開道直襲其巢豐回救彭預為之備出兵逆擊豐敗走追斬蔡宏

班超發于闐諸國三萬五千人擊莎車而龜茲王遣左將軍發溫宿姑墨尉頭合五萬人救之超召將校

及于闐王議曰今兵少不敵其計莫若各散去于闐從是而東長史亦於此西歸可須夜鼓聲而發陰縱所得生口龜茲王聞之大喜自以萬騎於西界遮超溫宿王將八千騎於東界邀于闐超知二虜已出密召諸部勒兵雞鳴馳赴莎車營胡人驚亂奔走大獲其馬畜財物莎車降龜茲等因各退散

魏爾朱天光討醜奴至汧渭之間停車牧馬宣言俟秋更進獲覘者縱之醜奴信之散眾歸耕據險立栅天光知其勢分密嚴夜發黎明圍其大栅拔之所得

俘囚皆縱遣諸柵皆降追獲醜奴
尉遲菩薩攻圍趨柵賀拔岳救之菩薩已出岳故殺
其吏民以挑之菩薩率其騎二萬至渭北岳以輕騎
數十隔水與語明日復引百餘騎與語稍引而東至
水淺可涉處岳即馳馬東出賊以爲走棄步卒率輕
騎渡渭追之岳依橫岡設伏待之賊半渡岡東岳出
擊之賊敗走岳令賊下馬者勿殺賊悉投馬俘獲三
千人馬亦無遺遂擒菩薩
秦王世民討劉黑闥自將列營洺水上以逼之李藝

以兵數萬來會黑闥自將拒之程名振載鼓六千具
於城西堤上急擊之城中地皆震動范願馳告黑闥
黑闥遽還遣兵擊藝大敗
夫俘在虎穴萬萬不能容易脫逃其有所聞而逃斷
斷乎欲誤我也我即其所聞而揣其情因敵情而用
奇無弗勝矣至於誤人以事非智將則不能辨吳趨
東南陬而亞夫使備西北元昊謬為請和而韓琦乃
自行邊彼其識見原自過人也

怒敵

利害在前人誰不知之知之而鮮能趨避者率由躁動無謀之將爲敵所激怒故盛氣所招曾不顧其後患也怒之之法有斬使以示絕有詈言以相犯有據其名城示若輕忽有戮其寵愛令其必報有驕傲其禮以藐之有嫚張其詞以侮之有敗其偏師以挑之有掠其人民有侵其土地執辱其使以恥之敵人不悟斷欲甘心於我則必淺慮而寡謀天時不計其順與否也地利不計其得與否也事機不計其合與否也糧餉不計其充與否也兵刃不計其敵與否也道路不計其迂與否也敵

情不計其深與密也即明知之而明背之驕橫陵轢動與勢違雖有智計忠諫之士不足以迴忿兵之心萬一然後我得而勝之矣

城濮之戰子玉使其偏將宛春之晉請立曹衞而已撤宋之圍以爻解晉文欲激子玉來戰陰許復曹衞使二國告絕於楚而執宛春於衞子玉怒因舍宋而趨與晉戰大敗

沈攸之起兵討蕭道成於夏口主簿宗儼之勸攸之攻郢城功曹臧寅以郢城地險非旬日可拔若不時

舉挫鋭損威令順流長驅計日可捷既傾根本則郢城豈能自固攸之欲留偏師守郢城自將大眾東下柳世隆遣人挑戰肆罵譏辱攸之怒改計攻城世隆隨宜拒應攸之不能克他如高歡因殺竇泰而西侵漢武爲嫚書而北伐耿弇遶城臨淄而激怒張步皆怒也然必策敵之可怒焉否者聞罵言而塞耳見巾幗而笑受荅嫚書而益恭報傲禮而益厚城府密保我不得窺我尚得而怒耶故料敵論將先察其人其機術因人而用如良醫觀人受病之處然後以對症

之藥加也

餌敵

夫見黃雀而忘背井貪心所使也士貪於利而違其將律爭得則行陣必亂既得則必無鬬心吾乘其方亂而取之俟其飽歸而擊之如摧枯拉朽無不傾敗所以善將兵者於臨陣之際敵或佯棄輜重貨物牛馬旂鼓必誅其擅取者而禁戒其吏士整飭其部伍嚴陣以觀變相機進退防彼出奇敵計雖狡無如我何倘敵人飈銳人我重地輕齎約負師不宿飽勢必肆掠以足其食吾

以利委之俟彼分兵抄掠乃乘其懈而濟師襲之縱兵擊之其軍可覆其將可虜

韓信伐趙鼓行出井陘口趙開壁擊之大戰良久信佯棄旂鼓走水上軍趙空壁爭漢旂鼓逐信信所出奇兵三千騎候趙空壁逐利馳入趙壁拔趙幟立漢赤幟

曹操禦文醜於延津軍行令輜重在前軍在後左右曰輜重在前恐爲敵掠操笑而不言及至文醜悉軍搶掠輜重後軍掩救不及操軍上山憩息令軍吏皆

解衣卸甲盡放其馬文醜軍奄至諸將曰賊至奈何請急收馬荀攸止曰此可以餌敵醜軍既得輜重又來奪馬不分隊伍自相雜亂因擊斬醜

杜弢遣杜宏保廬陵周訪追敗之賊嬰城自守大擲寶物於城外軍人競拾之宏因陣亂突圍而出

姚興使其子廣平公弼將軍斂城帥步騎三萬襲耨檀僕射齊難帥騎三萬討勃勃弼長驅至姑臧耨檀固守出奇兵擊破之命郡縣悉放牛馬於野斂城縱兵抄掠又擊破之勃勃聞秦兵至退保河曲齊難遂

野掠勃勃潛兵襲破擒之
鄧洪屢以饑卒與赤眉戰赤眉知其無食也佯敗棄輜重走車皆載土以豆覆其上兵士饑爭取之赤眉引還擊洪洪軍潰亂是皆為敵所餌也餌兵勿食兵志有之而臨敵多謬非緣利令智昏便是師無紀律誠審知敵謀而將令森嚴自不蹈其轍矣第重地則掠將之所恃必使敵不敢攻且務取之神速故又曰侵掠如火

草廬經畧卷九　　譚瑩玉生覆校

草廬經略卷十之目

躡敵

誑敵

火攻

草廬經畧卷十

疑敵

無名氏撰

兵以善斷而勝以多疑而敗故疑敵之法兵家必有也疑敵則審機而不進事事而莫能斷我乘其猶豫因應變化決策設奇勢强則伺隙而突擊或銜枚而掩襲勢弱則嚴兵而更備或潛師而引退敵以疑而失事機我以使敵之疑而得勝負故當垂敗而轉敗以爲功當垂成而遂一成而莫禦者以其能乘敵之疑而善其用也疑敵之術動而若靜則疑我之休兵而遂弛其防靜而

若動則疑我之興師而遂斂以守實而若虛則疑而不復備虛而若實則疑而不敢攻佯爲必致之勢繼以必克之兵亦佐勝之一端也

李廣從百騎馳射匈奴射鵰者猝遇匈奴數千騎見廣以爲誘騎皆驚上山陣廣之百騎皆大恐欲馳還廣曰吾去大軍數十里今以百騎走匈奴追射我立盡今吾留虜必疑我爲大兵之誘必不敢擊我廣令諸騎去匈奴二里許皆下馬解鞍以示不走於是匈奴遂不敢擊有白馬將出護其兵李廣上馬與十餘

騎奔射殺胡白馬將而復還至其騎中解鞍令軍士皆縱馬臥是時會暮夜半胡兵疑為漢有伏兵於旁皆引兵而去平旦廣乃歸其大軍

曹孟德救漢中與蜀隔水為營武侯命卒數百人盡帶鼓角伏上流頭土山中或黃昏或半夜聞營中礮響則鼓角齊鳴操以為劫營視之無兵去而休息礮又響鼓角又鳴如是數宵操心怯移營寬廣處武侯乃渡江背水為營操疑之及戰蜀兵佯敗軍器滿道操兵爭取之操斬取者而收兵既而大敗比歸蜀帝

問武侯曰操所以速敗者何也武侯曰曹操雖善用兵而多疑疑則多敗吾故以疑兵勝也

魏爾朱榮使大都督侯淵討韓樓配卒甚少或以為言榮曰侯淵臨機設變是其長若總大眾未必能用淵遂廣張軍聲多設供具帥數百騎深入去薊百餘里值賊淵潛伏以乘其背大破之虜五千人乃還其馬復縱使入城左右皆諫淵曰我兵少不可力戰為奇計以間之乃可克也度其已至帥騎夜進昧旦叩其城門樓果疑降卒為內應遂走追擒之

突厥寇定州唐刺史霍王元軌命開門偃旗息鼓虜疑有伏懼而遁

李靖佐孝恭伐蕭銑大獲戰艘命縱放江流諸將曰得舟當濟焉用棄之反資賊奈何靖曰銑之境南際嶺左薄洞庭地險士衆若城未拔而援至我且有內外憂舟雖多何所用之今令瀕江鎮戍見舳艫蔽江而下必謂江陵已破不卽進兵覘候往返動淹旬期則吾旣拔江陵矣已而救兵到巴陵見船疑不進銑內外隔絕遂降

驕敵

兵驕者敗從古已然故設法以驕之使之目無強敵然後我得乘其閒而攻其弛所謂勝於易地也驕之之術屢佯北以示弱爲尊禮以示卑假厚賄以悅其心因所喜以順其志藉成事而示若忠之復甘言而示若親之陽震怖而示若畏之外若霽威內實嚴備卑詞委聽廣侈其心彼以我爲易敵也故其申令不肅守禦不精欺敵者亡此之謂也然必察敵之平昔立威以自大倨傲以陵人我是以因而驕之倘其智謀是備慎動多虞我

用是術彼必陽作矜高僞爲弛慢反足誘我不可不知

庸人帥羣蠻以叛楚楚使廬戢黎侵庸及庸方城庸師衆蠻聚焉師叔曰姑又與之遇以驕之彼驕我怒然後可克此先君蚡冒所以服陘隰也又與之遇七遇皆北庸人曰楚不足與戰矣遂不設備楚子乘驛會師於臨品分爲二隊子越自石溪子貝自仞以伐庸秦人巴人從楚師羣蠻從楚子盟遂滅庸

隋太僕楊義臣既敗張金稱乘勝討高士達竇建德謂士達曰歷觀隋將善兵者無如楊義臣今滅張金

稱而來其鋒不可當請引兵避之使其欲戰不得坐費歲月將士疲倦然後乘閒擊之乃可破也不然恐非公之敵士達不從留建德守營自以精兵逆擊義臣用驕敵之術士達戰小勝因縱酒高晏建德夜聞之曰東海公未能破賊遽自矜大禍至不久矣後五日士達果敗斬之此悉佯敗驕敵者也

懈敵

戰克之將以嚴待懈第恐敵無弛備之時而我無可乘之隙難得志矣其道在使敵之懈能而示之不能用而

示之不用持久以緩之佯退以寬之久則備不及始之嚴退則敵不意我之進示不能則敵輕我示不用則敵不虞其守也險阻必不備溝壘必不脩巡警必不嚴其戰也行陣必不堅觀變必不深銳氣必不勵我乘此機掩而襲之突而擊之無攻不取無戰不勝矣第防敵佯爲懈弛僞作無備出奇匿伏待我之來我據投之必爲所誘也故參伍詳審將之善謀也

劉元德率衆伐吳陸遜禦之堅守不戰令人五六百里相持經八九月此持久以緩之也

馬隆爲平虜護軍西平太守時南虜成奚每爲邊患據險拒守隆令軍中皆負農器若將田者虜以隆無征討意禦衆稍怠隆因其無備進兵擊破之

吐谷渾寇洮岷二州唐遣柴紹救之爲其所圍虜乘高射之矢下如雨紹遣工彈胡琵琶二女子對舞虜怪之相與聚觀紹察其無備遣精騎出陣後擊之虜衆大潰

張宏範擣宋崖山因四出其舟軍其東南北三面自將一軍相去里餘下令曰聞吾樂作乃戰違令者斬

宏範先麾北面一軍乘潮而戰不克李順等順潮而退樂作宋將以爲且宴少懈宏範舟師犯其前衆繼之火石弓弩交作頃刻破七舟宋師大潰此皆用而示之不用也

餞敵

軍無糧食則亡從古已然敵之食足我能使之不足而後敵可乘也策宜抄其委輸斷其糧道焚其庾廩芟其田畝敵軍在途擾以輕兵使其舍不得頓士不得炊若其對壘堅壁不出遷延日暮彼必枵腹別遣精銳潛出

其後抄其饋餉卽使能齎伺其方食而擊其能飽乎饑敵之法無踰於此敵旣饑困萬竈呼庚我復綴之令不得去饗士以戰氣自百倍

建武時新城蠻中山賊張滿屯結險隘爲民害詔祭遵討之遵絕其糧道滿數挑戰遵數不出而厭新柏華餘賊復與滿合遵分兵擊破之張滿饑困城拔生獲之

祖逖將韓潛與後趙姚豹分據陳川故城相守四旬逖以布囊盛土使千餘人運以饋潛又使數人擔米

息於道豹兵逐之卽棄而走豹兵久饑以爲遯士衆豐食大懼後趙運糧饋豹遯又濳師邀獲之豹夜遁

桓温伐秦懸軍深入欲指秦麥以爲糧至灞上秦人悉刈其麥温軍乏食遂歸秦追敗之

秦王世民拔洛水黑闥挑戰世民不出黑闥運糧米水陸俱進程名振邀之沈其舟焚其車相持六十餘日闥糧盡遂敗

曹彬攻燕至岐溝休哥俟其方食而擊時方炎暑宋兵還就糧不得裹糧復進遠來饑渴休哥時闇擊之

宋兵皆墮地兩邊而行陣遂不能整休哥縱擊之大敗死者數萬

待敵

兵法曰後人而待之者待其衰也師久則老老則可擊謂其求戰不得怠玩必萌所謀中格兵力已疲襲而擊之蔑弗勝矣至若敵人陣我壘前欲求一戰我亦堅以待之俟其將退而後可擊蓋置陣既久士卒饑疲將士懈惰惟有歸心更無鬬志吾飽吾士激勵其銳伺其陣動突出掩之彼必奔走不能返禦急屠其後毋沮其前

長驅迅掃賊必遁矣待敵之法久則彌月速亦終日持重隱忍相機而待倘其技癢於鋒前擊敵於方盛譬如螳怒而走輪隋珠而以彈雀吾知其不免矣

趙充國擊先零欲以計困之至西部都尉府日饗軍士士皆欲爲用虜數挑戰充國不出羌豪數相責曰語汝亡反天子遣趙將軍來年八九十矣善爲兵今欲請一鬭而死可得耶

魏陳顯達攻梁泚陽城將士皆欲出戰鎮將韋珍曰彼初至氣銳未可與爭待其力攻疲𢮦然後擊之乃

憑城拒戰旬有二日夜開門掩擊達乃還

秦王世民引兵屯柏壁與宋金剛相持民閒世民來莫不歸附至者日多漸收其糧軍食以充乃休兵養馬惟令偏裨乘閒抄掠大軍堅壁不戰由是賊勢日衰諸將請戰世民曰金剛懸軍深入兵精將猛擄掠爲資利在速戰我閉營養銳以挫其鋒分兵汾隰衝其腹心彼糧盡計窮自當遁走當待此機未宜速戰此待之以歲月也及攻王世充於洛陽竇建德救之置陣亙二十里鼓行而進諸將皆懼世民升高而望

之謂諸將曰賊起山東未逢大敵今度險而驕是無紀律逼城而陣有輕我心我按兵不出彼勇氣自衰陣久卒饑勢將日退追而擊之無有不克建德退世民擊之擒建德此待之終日也

李靖伐蕭銑舟師叩夷陵銑將文士洪以卒數萬屯清江孝恭欲擊之靖曰不可士洪健將下皆勇士今新失荊門悉銳拒我此救敗之師不可當宜駐南岸待其氣衰乃取之孝恭不聽與戰敗還賊委舟散掠靖視其亂縱兵擊之乃勝此氣盛宜待而軍亂可擊

也

薄敵

兵法曰先人有奪人之心者薄之也故有乘其溝壘未成禁令未施人心未固行列未整喘息未定大眾未合銳氣未張備禦未嚴地利未得而先擊之如鷙鳥之攫五步之內敵不及拒者由養銳於前發機之速而敵之神魄先已畏我也倘敵既可薄我復遷延不即投機是宋襄之於楚孟德之於蜀自失機會追悔何裨

邲之戰晉人方怒楚師出陣孫叔敖曰進寧我薄人

無人薄我詩云元戎十乘以先啟行先人也遂疾進師車馳卒奔乘晉軍荀桓子不知所爲鼓于軍中曰先濟者有賞中軍下軍爭舟舟中之指可掬舟開不得濟者但以手指攀舟邊舟上人斬其指

晉中行穆子伐無終及羣狄于太原毀車爲行爲五陣相離兩于前伍于後列步卒爲五陣互相救援蓋離以用眾故臨時制宜制爲以道阨相聯屬易五陣不于進退專爲右角參爲左角偏爲前拒前陣之名曰兩後陣之名曰伍右陣曰專左陣曰參前拒之陣曰偏以誘之爲離合之陣以誘狄至狄人笑之晉常以車戰今因地阨而用步卒狄人不知而笑其失常未陣而薄之

大敗之

宋臣華氏亂厨人濮曰軍志有之先人有奪人之心後人有待其衰盍及其勞且未定也伐諸若入而固則華氏衆矣悔無及也從之獲其二帥

離敵

敵相與之國用事之臣及我叛逃之人凡能為我患者均不可不詭而離之使其猜疑忽起誅戮橫加也夫與國叛人自應異間惟彼能臣自相倚托間所難入然亦有術焉夫木必先折也而後蠹生之人必先疑也而後

讒人之是當致察于必跡之間歷觀其初終之變備諳其遇合之勢卽智勇絶人專兵于外而其所處之時或主少國疑大臣未信百姓未附或主昏當寵權臣在側嬖倖小人忌功貪得或寇仇內伏屢欲中傷或其主剛愎自用嗜殺好察或其臣覩影彈劾吹毛索瘢莫肎保全善類爲國家惜才有一于此皆可離之徵偶相抵牾便用乘機信乎賢毋投杼三人市虎能臣不用我之福也

宮他在西周之東周輸西周之情于東周東周大喜

西周大怒馮睢曰臣能殺之君與金三千馮睢使人操金與書遺宮他曰告他事可成勉成之不可成急亡來久且洩自令身死因使告東周之侯曰今夕有奸人當入者矣侯得以獻東周殺宮他

魏江夏太守逯式兼領兵馬頗為吳邊患而與北舊將文聘子休宿不協陸遜聞之遂假作答式書云得報懇惻知與休久結嫌隙勢不兩立欲求歸附輒以密呈來書表聞撰衆相迎宜潛速嚴更示定期以書置界上式兵得書以見式式懼遂送妻子還洛由是

吏士不復親附遂以免罷
韋孝寬守玉壁會東魏揚州刺史牛道常煽誘邊人
孝寬深患之乃遣諜人訪獲道常手跡令善作書者
僞作道常與孝寬書論歸款意又爲落燼燒邊若火
下書者還令諜人送與東魏將段琛之營琛得書果
疑道常有所經畧皆不見用孝寬知離阻因出奇兵
掩襲擒道常及琛等時東魏丞相斛律光字明月英
雄善兵孝寬深憚之乘其主幼信讒宵小在朝乃作
謠歌曰百升飛上天明月照長安又云高山不摧自

崩㭊木不扶自興令諜人多傳此文遺之鄴東魏祖珽更潤色之以聞明月卒誅

曹瑋在渭州有告戍兵叛入夏國者瑋方對客奕棋遽曰吾使之行也夏人聞之卽斬叛者

靖難時太寧都指揮卜萬智謀超衆一心朝廷陳亨有二心文皇爲反間作書遺萬盛稱萬而極詆毀亨緘識牢密召一俘卒飲之酒且厚賫之而置書其衣中俾歸與萬其同獲之卒竊窺之問守者曰此何爲者守者曰遺歸通意故得厚賫卒詭守者曰能爲我

請得偕行不敢望賚守者如言爲請遂俱遣而不與賚不得賚者終不平卽發其事劉貞陳享搜卒衣得與萬書遂疑萬執下獄萬終不能自明

胡宗憲總兵討叛賊徐海葉麻陳東時海巨寇也宗憲使諜諭之海陽爲聽撫而心實狐疑憲聞葉麻與海爭一女子有微隙以爲非用間紿縛之則無以決彼內附之心于是遣諜就海帳下諷海縛葉麻以出而諸酋中故隸葉麻部曲者稍稍怨且懼矣又策陳東於諸部曲中與葉麻聲相倚頃桐鄉之役與海相

睚眦數遣諜持簪珥玩翠遺海之侍女令日夜說海幷縛東海許諾而陳東者薩摩王弟故帳下書記酋海固未之能也于是出葉麻囚中令從爲書與東令反兵殺海其書故不以遺東而陰洩之于海激怒之海讀其書涕雙下益德宗憲之不忍爲東賊殺之也日夜謀縛東以報乃出所掠千金與王弟詐請東代署書記海因夜得東即縛以獻葉麻與陳東相繼縛而諸酋長洶洶內亂矣是故諸酋怨海無鬭志故其氣日窘

夫離間者或以書或以謠或以言或以事俱乘彼隙須用巧投我讒而彼不至疑彼惑而牢不可破斯無不誅之仇無不成之功矣是必專行于密邇相信之人能謀善察之敵

追敵

司馬法曰古者逐奔不遠縱綏不及不遠則難誘不及則難陷人知之矣至追有宜緩宜急之分可追不可追之別則鮮能知之者何也敵勢尚強而無生路則宜緩敵勢宜權而多外助則宜速兵敗而旂鼓參差士卒亂

奔則可追兵敗而旂齊鼓應行列弗亂則不可追蓋陣亂則眞敗而弗亂則佯敗也眞敗者追則乘勢蹴之而易滅佯敗者追一遇敵之伏而不支宜緩而速敵必死戰安知不已勝而轉敗宜速而緩是爲縱敵安知不旣摧而復張此追敵因機之巧訣也追之之時凡遇山林翳薈堤崖谿谷則搜之懼有伏也險阻狹隘則舒之縱其走而弗令致死也賊衆混淆投戈請命則追而降之恐遲則潰散收拾爲難也

齊師伐魯曹劌相公與戰齊師三鼓魯始鼓之齊敗

公欲追曹劌曰未可乃登車而望之復下視其轍曰可矣公進而敗之問其故對曰齊大國也大國難量懼有伏焉臣視其轍亂望其旆靡是以知其眞敗此知可追與不可追之別也

劉毅既勝桓元以爲大事定不急及元死一旬諸軍猶未至桓謙桓振收合餘燼勢復張攻之不能下

馬燧敗田悅于洹水斬首二萬級尸相枕藉三十里其衆赴水死者不可勝計淄靑兵殲悅夜走魏州其將拒不納比明追兵不至悅乃得入燧竟不能勝

而歸此宜急而緩之失也
秦王世民既破宗羅睺急追之仁杲降諸將問曰大王一戰而勝遽捨步兵又無攻具直造城下眾皆以爲不克而卒取之何也世民曰羅睺所將皆隴外驍將悍卒吾出其不意而破之斬獲不多則皆入城仁杲撫而用之未易克急之散歸隴外折墌空虛仁杲破膽不暇爲謀此吾所以克也眾皆悅服其追宋金剛也乘勝逐北一晝夜行三百餘里戰數十合總管劉宏基諫之世民曰金剛計窮而走眾心離沮功難

成而易敗機難得而易失必乘此勢取之若更淹留使之計立備成不可復攻吾竭忠殉國豈顧身乎遂策馬而進將士不敢復言追宋金剛至於雀谷一日八戰皆破之俘斬數萬人世民不食二日不解甲三日矣軍中止有一羊與士卒分食之此宜急而急之也

後將軍趙翁孫追羌於湟水羌見大軍驚懼而遁前途險狹令徐追之衆以爲不可翁孫曰此窮寇不可追緩則走之不暇還顧急之則致死於我爾豈能當

乎此宜緩而緩之也

夫緩急可否之間固宜斟酌而爲敵所追者設伏誘爲上策險阻亦是良圖張疑而使猶豫不前戰隘而向死中求活倘望塵奔走懷風鶴之驚將一敗無遺矣

躡敵

躡敵與追敵不同追者因其既敗而追之而躡則所以制其強也敵兵在前吾議其後彼銳氣前趨不暇反顧吾伺隙而圖之或擊諸險阻或擊之半渡或擊其懈弛

或擊其疲勞或擊其方食或擊其休息或擊其前後不相接或擊其行陣之弗整彼欲戰而我便退彼方退而我隨之擊忽懈覩利而動使其後軍皇皇欲奔前軍不能還救吾有應於前則彼有腹背之患吾無應於前則彼有肘後之虞此奇兵也然必審其可躡而後圖之乃爲得計

秦李信蒙恬伐荆蒙恬大破荆軍李信又攻鄢郢破之於是引兵而西欲與蒙恬會於城父楚軍項燕引兵隨之三日三夜不頓舍大破李信軍入兩壁殺七

都尉秦人走還此擊其疲勞也
宋北面緣邊巡檢使尹繼倫領兵千餘巡邊時上遣
李繼隆發鎮定兵萬餘護送輜重數千乘契丹休哥
諜知之率銳騎數萬邀諸途繼倫遇之休哥不顧而
南繼倫謂麾下曰寇蔑視我爾彼南出而捷還則乘
勢而驅我不勝亦將洩怒於我將無遺類矣我今日
計但當捲甲銜枚以躡之彼銳氣前趨不虞我之至
力戰而勝足以自樹縱死猶不失爲忠義豈可泯然
而死爲胡地鬼乎眾皆奮激從命繼倫乃命軍中秣

馬侯夜人持短兵潛躡其後行數十里至唐州徐河天未明休哥去大軍四五里會食訖將戰繼隆陣於前繼倫隨後急擊殺其將皮實皮實者契丹相也皮實既擒衆遂潰休哥方食失箸爲短兵中其肩乘善馬先遁寇兵隨之蹂踐死者無數契丹自是不敢窺邊平居相戒曰當避黑面大王此擊其方食與其無備也

金有元之難也其大軍引歸元人以三千騎尾之金人相謂曰彼寡我衆不戰是怯矣乃伏五千人於後

元兵前後被擁遂去此又分偏師以尾躡者之後也
項燕之躡敵也敵明知之而故不隱彼其勢均力敵
可以迫脅又以客兵而值隘途既不能返禦又不敢
休息茲所以大敗也尹繼倫之躡敵也以必死之志
擊玩敵之寇潛行突出以少克眾利便不虞足以成
功至若元人以三千兵尾敵十萬徒欺敵之不敢抗
耳若金人稍有能者豈令得去

誑敵

兩敵相仇言不足信其信之者必愚將也惟智將不為

人所誑而能誑人焉必因敵有阻絕之勢托或有之事爲莫稽之詞以疑敵之心或用以恐之使驚或用以誘之使趨或用以急之使速或用以緩之使懈或使之觀望躊躇其心不決而我亟乘其且疑且信出其不意而攻之若是者因其可愚而愚之如敵未可愚必且因我之言而還知我之意逆我之意而反以用彼之奇是我不能愚彼反爲彼所愚也

孫權使呂蒙取長沙桂林零陵三郡惟零陵太守郝普城守不降劉先主自蜀親至公安遺關公爭三郡

權飛書召蒙使捨零陵助魯肅拒關公南陽鄧元之郝普之舊也蒙謂之曰郝子太世間有忠義事亦欲爲之而不知時也左將軍在漢中爲夏侯淵所圍關公在南郡今至尊身自臨之救死不暇豈有餘力復營此哉今吾士卒致命至尊遣兵相繼於道欲以旦夕之命待不可望之救其不可恃亦明矣君可見之爲陳禍福元之見普具宣蒙意普懼而聽之元之先出報蒙豫敕四將各選百人普出便入守城門須臾普出蒙執其手與俱下船出書示之因拊手大笑普

見書知帝在公安而關公在益陽慚恨無地此蒙之狡而普之愚也

陳友諒既破姑熟將犯建康遣人約張士誠同侵太祖太祖謂康茂才曰汝與友諒有舊可遣使詐降約爲內應速之使來吾事濟矣茂才家有老閽舊事友諒令持書往友諒得書大喜問康公安在曰見守江東橋問橋何爲曰木橋也乃遣還答書曰余某日至橋呼老康公即應我茂才以書奉上上喜曰落吾彀中矣即命李善長撤江東橋友諒至見橋皆鐵石愕

然連呼老康無應之者乃大驚曰老康紿我矣語未畢伏兵四起敵軍披靡不能支遂大敗友諒乘別舸脫走于其所乘舟臥榻下得茂才書上曰彼愚至此可哂也皆因敵之可誑而誑者也

火攻

火人火積火輜火庫火隊五火之變而火人火隊尤喫緊而難火人者火其營栅火其舟艦火其部陣部陣用火必兼葭林木翳薈之處順風而爇敵陣必變以兵掩之無有不克但防敵以大兵綴我旂鼓相對則我必引

而前以奇兵或乘昏夜或乘陰雨或伏林莽俟我將兵前交暗襲陣後與我左右出我不意乘機疾進勢便難支尤慮敵人虛張鼓譟欲進之勢誘我聲發而復進攻此皆詭道不可不察諸葛地雷暗伏敵陣亦可驚亂而攻之若今之震天雷飛火槍皆稱利器宜倣其制火攻之策雖全勝而實至慘火發兵應而宜紛擾而畏靜安擾則敵無備靜則敵有備也焚柵用火車焚水柵用火舟火筏近則莫支火隊憑恃用兵誘之至蘆葦草木之地而烈焰相加至時之燥與風之道并烟火之物須預

具備已有成說將素知矣

魏攻齊齊人邀斷津路魏主奚康生縛筏積柴因風縱火依烟直進飛刀亂斫齊軍遂潰

魏攻梁之鍾離跨水作浮橋梁主會曹景宗等預張高艦與魏橋等爲火攻之計三月淮水暴漲使馮道根乘艦擊魏舟別以小船載草灌膏焚其橋風怒火盛烟塵冥晦死士拔柵斷橋倏忽俱盡

曹彬下江南都虞候李漢瓊率所部取巨艦實以葭葦乘風縱火拔其南城水寨

杜伏威轉掠淮南江都留守遣校尉宋顥討之伏威與戰佯敗引顥入葭葦中上風縱火顥眾皆燒死是火其人也

李全使軍士穆椿焚臨安軍器庫是火庫也

馬燧之攻楊朝光是火寨也

曹操之焚烏巢是火積也而防火攻者必敵將舉火我已先知虛其營稍留餘卒遍豎旌旗傳布鼓角人馬循環出入以示未離營寨兵伏左右候火起餘卒喧噪佯為擾亂敵必進攻吾伏兵夾擊兩旁且襲其

後無不勝矣布陣於野偶見火起亟麾吾軍傍草葦而順風預爇其前後左右移軍既爇之地嚴陣以待敵火吾舟惟水寨舳艫如織倉卒難解戰則舟散防之可免要知結營水次未有不惓惓謹備火攻而得爲智將者

草廬經畧卷十　　譚瑩玉生覆校

草廬經畧卷十一之目

烟戰

分戰

造戰

死戰

逆擊

必戰

邀擊

橫擊

夾擊

反擊

草廬經畧卷十一

水戰

無名氏撰

聯舟以戰於水者弓弩火器矣而撻竿鐵鉤以碎其舟順風鼓灰以翳其目事雖渺小皆昔人曾用之以取一勝之利者據上流以藉水力乘高艦以處勝勢張牛革以蔽矢石泥五緉以防火攻因風道以爲進止仍以小舟擢槳縱橫出沒以備奇擊皆舟之用也舟欲其接續而不星散則救應不難卒欲其善水而習風波方可奮斬馘之勇故教悍卒以爲水兵則教易成用火桶噴筒

以佐水戰則戰必勝立營置寨巨艦環外小舟居中懸皮樹柵開立門戶艨艟密布最忌聯鎖以致火攻嚴而備之存乎其人

王僧辨等至蕪湖侯景使侯子鑒據姑熟以拒西師景遣人戒之曰西師善水戰勿與爭鋒若得步騎一交必當可破汝但結營岸上引船入浦以待之僧辨停軍十餘日景以爲遁復命子鑒爲水戰之備方挑戰時僧辨麾細船皆退留大船夾兩岸子鑒之眾謂水軍退欲徑趨之僧辨大艦斷其歸路鼓譟大呼合

戰中江子鏖大敗

岳飛討楊么降其眾數萬負固不服者方浮舟湖中以輪擊水其行如飛旁置撞竿敵舟遇之輒碎飛乃伐君山木爲巨筏塞諸港口以腐木亂草浮上流而下擇水淺處遣善罵者挑之且行且罵賊怒來追則草木擁積舟輪礙不行飛急擊之賊奔港中爲筏所拒官軍乘筏張牛革以蔽矢石舉巨木撞其舟其舟盡壞斬楊么縱老弱歸田籍少壯爲軍獲舟千餘由是鄂渚水軍爲沿江之冠

韓世忠戰兀朮于江也預以鐵練貫大鉤授健者明旦敵舟譟而進世忠分海舟為兩道每縋一綆則曳一舟沈之兀朮窮蹙募人獻破海舟策閩人王姓者教其舟中載土平板鋪之穴船板以棹槳風息則出以海舟無風不可動也又有獻策者曰鑿大渠接江口則在世忠上流兀朮一夕潛鑿渠三十里且用方士計刑白馬剔婦人心自割其額祭天次日風止宋軍帆弱不能運金以小舟縱火矢下如雨世忠軍敗

元人侵蜀宋將呂文德艨艟千餘泝嘉陵江而上北

軍迎戰不利元主命史天澤禦之乃分軍爲兩翼跨江注射親帥舟師順流縱擊三戰三勝

張宏範攻宋於崖山也以火攻宋舟宋人以泥塗蓬艦縛兩木以拒其火舟遂不能焚宏範乃豫構戰樓於舟尾以布幀幃之命將士負盾而伏令之曰金聲起戰先金而妄動者死飛矢集如蝟伏盾者不動舟將接鳴金徹幃弓弩矢石皆作頃刻破七舟宋師潰

呂文煥之與敵舟戰於江也文煥居下流乃泊舟兩岸而以中流之舟佯敗而退敵追之兩岸舟反在上

流出敵之背而夾擊之敵遂敗
王濬平吳作大船連舫百二十步受二千餘人以木
爲城起樓櫓開四門其上皆得馳馬往來又畫鷁首
怪物於船首以懼江神舟楫之盛自古未有
楊素平陳造大艦曰五牙上起樓五層高百丈餘而
又前置六拍竿容八百人有餘黃龍乘舴艋各有差
陳將戚欣率舟屯狼尾灘以遏軍路其地險峭灘流
汎激素率舟銜枚夜下掩之別遣將佐引步卒襲其
別柵此皆用大舟者也

大抵大舟處勢雖高不利進退須艤以小舟兼而用之大集漁舟師授以堅甲利兵教之鎗刀弓弩不踰歲而皆精兵矣

山戰

山戰者須擇高地而處之則勝矣然而處山之上者恐被其截謂敵以强兵斷要路奪水草是坐斃之道也處山之下者恐被其困謂敵或據我山頭分遣偏師斷我走路四面圍合矢石交下其能當乎蓋山頭既占則我之虛實盡窺馳下不難而仰攻之勢則逆故戰於山者

必據高陽利糧道就水道仍處其陽而備其陰處其左而備其右處其右而備其左夫水草便則敵不能困備禦周則敵不能襲高陽據則我勢自强長戟脩矛强弩飛石乘高陵下威自百倍矣　林戰之法與山相似第宜廣戰道多設伏宜以分擊爲務庶便於進退而敵不測變幻之數

馬援攻羌於唐翼谷中羌引精兵聚北山上援陳兵向上而分遣數百騎襲其後乘夜放火擊鼓呼譟羌遂大潰其破道縣羌也時羌在山上援軍據便地奪

水草不速戰羌遂窮困

丹陽黠賊陳璞等二萬戶屯林歷山四面壁立吳將募輕捷士夜於隱處以鐵戈拓山而出懸布以援下人得上者百餘人分布四面鳴鼓角賊守路者皆驚走還大軍上攻破之

夫登高視下破竹之勢故高陵勿向背邱勿逆而又曰向阪陣為廢軍此在屯兵則然若兩陣既交選勝據險變化不測又難預定也

險戰

險地之戰昔人譬之兩鼠鬭穴中將勇者勝然而不可無奇正兵前禦奇兵或擊其旁或擊其後强弩銃砲繁如雨注一處受敵迴避無五出彼不意勢自奔潰昔荀吳毀車爲行分卒爲地陣不相聯屬以道險利進退也蓋戰地既險人馬擁併前後左右必難顧盼彼之銳氣方爾前趨我之奇兵觸處分擊地勢險巇士眾囂逼分合進退皆不得施敵惟無奇爲我所制矣　谷戰之法與險相似第宜以輕兵銳卒置我前行鹵楯强弩衞我左右與我陣後以備敵分遣奇兵潛出其左右山岡乘

高夾擊吾正兵從中衝之必勝之道也

李密既降唐而復叛乃斬唐使者入桃林縣驅掠徒眾直趨南山乘險而東使人馳告故伊州刺史張善相令以兵應接而聲言取洛行軍總管溫彥師聞之率眾踰熊耳山南據夾路令其眾夾道而伏令之曰俟賊半渡一時俱發或曰聞密入洛而公入山何也彥師曰密聲言向洛實欲出人不意走襄城就張善相耳若賊入谷我自後追之山谷險狹一夫殿後賊不受制令吾得先入谷擒之必耳密果南山半渡彥

師擊斬之

哥舒翰守潼關上使趣之出戰遇賊於靈寶西原賊將崔乾祐先據險南薄山北阻河隘道七十里翰使王思禮等將精兵五萬居前龐忠等將餘兵十萬繼之翰自以兵三萬登河北阜望之鳴鼓以助其勢乾祐所出兵不過萬人佯爲遁狀官兵懈不爲備追之賊乘高下木石擊之殺士卒甚衆道隘士卒如束槍槊不得用乾祐遣精兵自後擊之官軍大敗後軍自潰

段熲征羌大敗之羌復聚射虎口分兵守諸谷上下門熲欲一舉滅之不令散走遣人千西縣結木爲柵廣二十步長四十里遮之分遣晏育等七千人銜枚夜上西山結營穿塹去虜一里許又遣司馬張愷等將三千人上東山羌乃覺之夜攻晏等分遮汲水道熲率步騎進擊羌却走晏等夾攻東西山縱兵擊破之

野戰

野戰非萬全策從古記之六韜之清明無隱者所以戰

勇力也必其士卒精強將帥驍悍旂幟鮮華車騎咸備而又部陣整齊隊士密布戰弩森然敵不得衝所謂先爲不可勝然後可以勝敵矣平原布陣方圓坐起行止左右分合解結俱已習熟方可應敵堅甲利兵將亟麾之士殊死鬬此正陣也至若出奇設伏左右犄擊前後邀截多方取勝變化無端又在主將臨時制宜未容刻舟而求劒也自昔好勇戰者多緣智將欲藉此以恣衝突之能不復爲持重必勝之計故時而勝者亦時而敗未若先據利地乘險用奇料勝而動即不大捷亦不致

敗

宋宗澤謂岳武穆曰卿之才藝古良將不能過然好勇戰非萬全計也乃授武穆以陣圖武穆曰陣而後戰兵法之常運用之妙存乎一心澤是其言又見張所所問曰爾能敵幾何武穆曰勇不足恃變枝曳柴以敗荆莫敖採樵以致絞以謀先定觀武穆此言其野戰非如庸將第恃其勇者有謀有勇以律行師用吾奇兵交發併至此所以爲振古豪傑也

夫我強敵弱則宜野戰我弱敵強用之則危故曰知

彼知已與知地形之可以戰者皆勝之主也

夜戰

兵多利晝戰兵少宜夜戰兵法固然蓋夜戰則敵兵雖多我士不見是以無怯心而惟奮勇者勝矣蓋多其火鼓以爲疑兵使敵不得測我之多或以火鼓出敵前後左右遠張其勢敵必驚懼而以死士銜枚衝突或出其左或出其右或出其前或出其後敵人來乘暗襲之彼所驚懼而欲避者爲我虛聲彼所不見而以爲無虞者正我必擊策其走途先爲之伏以一擊十必使無措至

於襲人城寨尤宜昏夜易於成功
田單守即墨卒少不堪戰乃乘燕之懈於夜鑿地數十穴縱壯士五千人隨火牛後銜枚突擊燕軍城中鼓譟從之老弱皆擊銅器爲聲聲動天地火光照耀如同白日燕軍大駭敗走
匈奴大入雲中太守廉范拒之吏以兵少欲移書旁郡求救范不許會日暮范令軍士各交縛兩炬三頭爇營中星列虜謂漢兵救至大驚待旦將退范往赴之斬首數百級

暑戰

大寒大暑而興師古人所忌其決勝常在主兵而主兵之決勝又在日午以後方此之際客兵深入炎暑蒸爍兵不解甲流汗呻喘勞瘁欲絕勢必不支凡客兵遠涉當計其程先據戰地按兵靜處以俟其至未至以羸兵誘之既至以輕兵擾之令不得休且食也直至未申乃縱擊之預令我士番休則士不疲更食則士宿飽既佚且飽銳氣自倍擊彼饑疲如迅風之掃秋葉耳

劉錡順昌之捷時兀朮以精兵數十萬攻之天方大

暑敵遠來疲倦鎬士氣閑暇敵晝夜不解甲鎬軍皆番休更食養馬垣下敵人馬饑渴往往困乏方晨氣清涼鎬按兵不動逮未申時敵力疲氣索忽遣數百人從西門出戰俄以數千人從南門出戒令勿喊但以銳斧犯之敵遂敗

僞漢陳友諒克太平高皇帝誘至金陵日午伏兵并出擊友諒大敗亦暑月也勞師暑月是豈爲宜必不得已寧致人而毋致於人焉爲人所致者彼爲主而我爲客致之使來者彼反爲客而我爲主即未角力

勝負已分

雨戰

雨可以襲不可以戰冒雨疾進攻其不備雖戰亦襲也天久陰雨烽火不通警守懈弛潛至城下敵必不知邊人入寇全恃騎射爲雨所淋弓膠俱解馬經泥淖不利馳逐乘而擊之可以得勝晦雪襲人無異於雨變戰之法與雨不同極望漫漫洞徹無隱險阻高下倉卒難審苟非素習地形則車騎之用弗堪也當此之時人則僵立風雪馬亦無從得食吾以佚待勞以主待客無有不

勝與暑戰同

唐莊宗欲襲鄆州以問諸將時李嗣源自胡柳坡有渡河之慚常欲立奇功以補過曰臣願獨當此役唐主遣之將精兵五千趨鄆州日暮陰雨道黑夜渡河至城下鄆人不知李從珂先登殺守卒啟關納外兵進攻牙城拔之此以雨而襲人也

嘉靖十九年寇入固原三邊總督劉天和誓諸將以矢劒徇醉師酒酒不戒致寇登陴天和召斬之三軍股栗率精兵九千躡寇而檄延綏寧夏固原兵合擊

之會天大雷雨寇弓解馬蹩淖中死者相屬我兵分左右翼勇犄角强弩大砲虜奔走不暇殺吉囊子一首功五百虜大哭走此雨可利與虜戰也

故元太尉納哈人寇遼陽都指揮葉旺馬雲知其將至命蓋州衛指揮吳立等嚴兵守城勿與戰虜見有備乃越蓋州趨金州時金州城池未完軍士寡弱指揮王富韋勝督勵士卒分守諸城門選精銳登城以禦射其驍將乃剌吾獲之虜退走以蓋州備不敢經其城乃由城南十里外治柞河道歸葉旺策其將退

乃移兵於河天方冰雪旺自連雲島至窟駝塞十餘處緣河壘冰爲城以水淋之經宿皆凝沍隱然爲城藏釘板於山中設陷馬阱於平地伏兵以待命老弱捲旂登兩山間戒以聞砲即堅匹顧寂若無人已而鹵至砲響伏兵四起旂幟蔽天鹵駭走趨連雲島遇兵馬不能進皆陷入阱中遂大潰旺等追擊殺獲及凍死者無算納哈僅以身免

嘗觀古人當嚴冰時有用水淋城宛如長壁敵不能上者有築壘輒崩用水澆築堅如鐵石者此雖非持

久計亦乘時應變之權也夫乘雨雪而襲人兵家常事所以出人不意也是宜神速不宜淹忽宜一往即得毋不得而久攻焉久則雨雪之害俱我受之敵坐以致我矣故晉人論桓温伐蜀以善博譬之非必勝不博良有以也

風戰

風順致呼而從之風逆堅陣而待之固風戰之法也蓋風順利在攻人故從之風逆宜堅守故待之然不有風順而反敗風逆而反勝者乎風順而敗者必其將帥之

智勇不備故紀律不嚴士心不協以致倒操其兵授敵以柄也風逆而勝者真智勇之將見風道不利我勢已危率勵士心齊致死力大呼陷陣出敵之背也又或伏兵兩旁佯退以誘腹背擊之或堅陣不動潛遣一師襲敵之後是皆用人力以奪天工俾風為我用也倘若風自我後而來便當鳴鼓奮呼騰陵赴敵乘機疾擊取勝不難敵逆風而鬬戰塵瞇目必不得開我順而攻以明攻暗以得勢攻失勢故沙礫晦冥祇益吾勝矣

契丹南下至陽城晉軍與戰胡騎勢全如山諸軍皆

力拒之人馬饑渴是夕東北風大起營中渴甚曙至風甚契丹命鐵鷂軍下馬奮短兵以擊晉軍又順風縱火揚塵以助其勢軍士皆憤怒諸將請出戰杜威曰俟風稍息徐觀可否李守貞曰彼衆我寡風沙之內莫測多少惟力鬬者勝此風乃助我也若俟風止吾屬無類矣卽呼曰諸軍齊擊賊守貞以中軍決死馬軍擺陣使張彥澤召諸將問計右廂副使樂元福曰今軍中饑甚若俟風回吾屬無類已爲虜矣敵謂我不能逆風以戰宜出不意急擊之此兵之詭道也

都排陣使符彥卿曰與其束手就擒曷若以身殉國乃與彥澤元福及皇甫遇引精騎出擊之諸軍繼至契丹却數百步風勢益盛昏晦如夜彥卿等擁萬餘騎橫擊之呼聲動天地契丹大敗而走勢若崩山

魏王伐赫連昌次其城下衆退昌鼓譟而進舒陣為兩翼會有風自東南來揚沙晦日宦者趙倪進曰今風雨從賊後來我向彼背天不助人又將士饑渴願陛下攝騎避之更待後日崔浩叱之曰一日之間豈得變易賊前行不止後已離絕宜分軍隱出掩擊不

意風道在人豈有常哉帝曰善分騎奮擊呂軍大潰

齊徐嗣徽南侵建康震駭陳霸先拒之適與周文育會將戰風急霸先曰兵不逆風文育曰事急矣何用古法抽槊上馬先進衆軍從之風亦尋轉殺傷數百人安都帥十二騎突其陣破之

以上皆逆風而取勝者苟非奮萬死以求一生不可也魏人分軍隱出擊其不意尤是奇策至於風甚取勝古人得天助者不少亦無異術故不引證亦有值大風而兩軍皆潰者如郭子儀史思明之戰是時官

軍無主帥賊亦獰惡無謀故也亦有奇功垂成偶值大風而敵逸患深者天人之際不可知也

烟戰

爇烟而戰者俾敵不知烟中之虛實則當進而不敢進或進而又入我之術中焉長烟一川萬眾咸隱施設布置敵總不見有伏銳而擊蒼茫藏丁甲之奇有寂無一人縹緲若歸屯之狀有大鳴戰鼓數人寒敵之心而實從別道以出奇有兵隱烟進咫尺若千里之隔忽不覺全師之頓至有虛其中而分隱兩旁俾冒烟突入者難

當夾擊之兵有力已竭而休士整旅俾迷而遲疑者自失乘擊之策有敵敗而逃烟昏走徑則俘馘若取物於囊有聚烟設疑散烟示虛則敵笑必肆意而進大抵烟飈非無故之合定詭譎以多奇烟戰匿兵馬之形故變幻之由我將兵者無以此爲小故而忽之也

張益德與張郃戰霸西間郃佯敗伏兵以擊翼德知之以草車截伏出之路火焚車烟迷其徑兵不得進益德乘勢衝郃兵郃敗走此使敵當進而不敢進也

賀若弼伐陳陳將廣達以其徒力戰與弼相當陳兵

退走數回弼縱烟以自隱陳兵斬首皆走獻求賞弼知其驕惰更引兵趨孔範範兵潰走此兵力已竭故縱烟以休士整眾也

哥舒翰之戰崔乾祐也翰以氊車駕馬爲前驅欲以衝賊日過中東風暴急祐以草車十乘塞氊車之前縱火焚之烟焰所被官軍不能開目妄自相殺謂賊在烟中聚弓弩射之日暮矢盡乃知無賊乾祐遣騎自後擊之官軍大敗此以煙疑敵而從別道以出奇也

李存勗禦契丹以羸兵曳柴燃草而進烟塵蔽天契丹莫測多少存勗因鼓入戰趨後軍起而乘之契丹敗走此伏銳而擊蒼茫藏丁甲之奇也

以烟戰者古名將不乏其事然必覘風道之順逆風順則烟迷敵目可以乘烟突擊風逆則烟覆吾軍須麾軍稍却以之用奇設疑以之自隱休士又一道也

分戰

合衆而戰者兵多陣大不利縈蹂不利出入於是有分擊之設焉分擊者少則數將多則十餘將將領士卒量

衆寡爲增減將各統士士各隨將人百其勇衝入敵陣逢人則殺馬不留行縱橫還擾出而復入以突擊爲務而無正對之陣如斯而已敵兵雖衆敵陣雖大其陣必亂其將必走此法人自爲戰可以衆擊衆亦可以少擊衆然惟平地可以馳突乃宜用之要之敵衆者未有不在平地也

秦王苻堅引兵五萬東擊後秦將士皆刻鉾鎧爲死休字每陣以劒矟爲方圓十陣如有厚薄從中分配故人自爲戰所向無前

梁遣裴邃伐魏連拔其城河間王琛拒之憚邃威名累月不進魏王趨之乃出戰邃分兵爲四甄以待之使將軍李祖鄰先挑戰而僞退琛悉衆追之四甄競發魏大敗

尹子奇攻睢陽張巡俟其懈乃與南霽雲雷萬春等十餘將各將五十騎開門突出直衝賊營斬賊將五十餘人斬士卒五千餘人此法宜用騎兵蓋其攻敵疾而敵備不及所以必勝惟擇精壯之士分健將領之俾各率所部深入賊陣此時更不望助於他人亦

不敢稍却以就死其勢之不得不然也正所謂致之死地而後生者也

迭戰

迭戰者恐其士卒之戰久而疲也故更番進擊更番休息則我常有餘力以制敵之敝此古人坐作進退之舊法也能循此法而用之敵雖酣戰累日不決而我迭戰迭息坐餉戰士有如平時士之銳氣前陣既絕後陣復盈竭者踵至循環不已其力不乏敵雖勁强必不能持久與我角也若其不然惟決勝負於一戰之頃敵乘我

之倦躡我之還蹴而覆之事弗濟矣
胡世將問吳玠所以致勝者於其弟璘璘曰璘從先兄有事西夏每戰不過一進卻之頃勝負輒分於金人則更進迭退忍耐堅久令酷而下必死每戰非屢日不決勝不遽進敗不至亂蓋自昔用兵所未嘗見與之角逐滋久乃得其情蓋金人弓矢不若中國之勁利中國士卒不及金忍耐吾常以長技洞重甲於數百步外則其衝突固不能及於是選據形便出銳卒更迭擾之與之為無窮俾不得休暇以沮其堅忍

之勢至決機於兩陣之間則璘有不能言者璘又嘗謂人曰金人有四長我有四短當反我之短以制彼之長四長曰騎射曰堅忍曰重甲曰弓矢吾集番漢所長兼收而并用之以分隊矢制其騎兵以番休更息迭戰制其堅忍制其重甲則以勁弓强弩制其弓矢則以遠克近以强制弱遠者謂漢人弓矢能制遠而金人弓矢近也强者漢人弓强而金人弓弱也

一死戰

兵法曰必死則生倖生則死是以兵家貴死戰矣然人

情誰不好生惡死安能責人以必死也不有曰致之死地而後生置之亡地而後存乎故頓兵死地者其兵不脩而戒不得而求不約而親不令而信爭先登冒白刃絕疑慮濺戰血誓不還顧矣故將於死地則示之不活於是有破釜沈舟於是有棄糧焚輜於是有背水斷梁於是有去國越境多背城邑所謂師與之期如登高而去其梯者大都自絕其生路俾士卒明知職若不勝必無遺類故人人無不騰陵張膽致死於敵也緣是奮激所加鋒無前對敵雖勁安能當我必死之眾哉此外有

受恩感激而願效死者孫子所謂視卒如愛子故可與之俱死是也有嚴刑重罰而不敢不死者尉繚所謂畏我則侮敵是也有重賞之下必有勇夫者卽宋太祖所謂以錢千萬易一頭是也雖皆竭力致死之由然終不如置之死地者其效速而收功易將恩威并用又投之無所往之地則事無不濟矣此必士卒精强可責以必勝也而後用之不然祇自斃耳

白起伐楚絕糧焚舟項羽救楚破釜沈舟韓信下趙背水爲陣皆示之以不活也

王鎮惡伐秦士卒皆乘蒙衝小艦行船者悉內艦內泝流而進艦外不見有人行船北士素無舟楫莫不驚以爲神鎮惡既至倏將士食畢便棄船登岸渭水流急諸艦飛逐流去鎮惡撫士卒曰此是長安城北門外去家萬里而舫乘衣糧並已逐流惟有死戰可立大功乃身先士卒大破秦軍陷長安城

郡盜李復鼓衆爲亂韓世忠討之復衆數萬世忠兵不滿千分爲四隊布鐵蒺藜自塞歸路今日進則勝退則死走者命後隊勦殺於是莫敢反顧皆死戰大

破之斬復其戰金人於大儀也伐木爲柵自斷歸路大戰遂破金之鐵騎軍擒孛也等此悉置之死地也

逆擊

敵人初至之勢如猛風驟雨我遽逆之以當其銳與待其衰以俟其隙者不侔必預備之嚴先使敵不得而勝我然後我可以策勝其法在敵未至之時相便地據險阻堅營壘勵兵馬激士氣因陣勢審戰所何處可以扼吭何處可以出奇何處可以勦殺所謂先知地形之可以戰者勝也至於度量機宜因形用權過其驕橫奪其

所恃出其不意誤其所謀虛應變化期在必勝原不一道是又難得以預籌也倘恃勇輕敵不擇形便不設備禦不堅營壘不講奇謀彼新至而氣盛我僥倖而嘗試一擲不勝輒潰不支誤及國家悔無及矣

趙奢救閼與卷甲趨之一日一夜令善射者去閼與五十里而軍壘成秦人聞之悉甲而至軍士許歷曰秦人不意趙師至此其來氣必盛將軍必厚集其陣以待之不然必敗奢從之歷復請曰先據北山者勝後至者敗奢即發萬人趨之秦兵後至爭山不止

奢縱兵擊之大破秦兵
夫趙奢先已增壘不進忽一日一夜即至者出其不意也夫善射者軍禦其驕橫也先立軍壘堅營柵也去閼與五十里而軍相便地且扼吭也厚積其陣固陣勢也先據北山據險阻山也奇兵也宜奢之勝也
夫

必戰

凡興師深入敵境若彼堅壁不與我戰欲老我師當攻其軍主擣其巢穴截其歸路斷其糧草彼必不得已而

須戰我以銳卒擊之可敗法曰我欲戰敵雖深溝高壘不得不與我戰者攻其所必救也

魏公孫文懿反遼東司馬懿往討之夾於遼水懿盛兵多張旂幟出其南賊盡銳赴之乃泛舟潛渡以出其北與賊營相迫沈舟焚糧傍遼水作長圍棄賊而向襄平諸將曰不攻賊而作長圍非所以示衆懿曰賊堅營高壘以老吾師攻之正墮其計此王邑所以恥過昆陽也古人曰敵雖高壘不得不與我戰者攻其所必救也敵大衆在此巢穴必空我直指襄平必

人懷內顧懼而求戰破之必矣遂整陣而過賊見兵出其後果邀之懿謂諸將曰所以不攻其營正欲致此不可失乃縱兵逆擊三戰皆捷

馬燧討田悅軍渡漳水悅知燧食乏深溝堅壁不戰燧令下齎十日糧進營倉口與悅夾洹而軍日挑戰悅不出陰伏萬人將以掩燧燧令諸軍夜半食先雞鳴時鳴鼓角潛師併洹趨魏州賊至為陣留百騎持火待軍畢發匿其旁須悅衆度卽焚橋悅黨李納等踰橋乘風縱火而前燧令除榛莽廣百步為場募勇

士五千人陣而待比悅至火止少衰燧縱兵擊悅悅敗奔橋橋焚衆赴水死者不可計悅敗遁魏州諸將曰糧少而深入何也燧曰糧少利速戰悅與淄青恒三軍爲首尾欲不戰以老我師若分擊左右未可必破悅且來助是腹背受敵也法攻其必救故取魏以動之此致人之術耳

徐達率諸將攻下元都將分兵畧平定州而北時擴廓帖木兒兵方自保安謀踰居庸關撼故都達謂諸將曰擴廓兵遠出太原必虛北平孫都督之師足以

抗禦我直抵太原覆其巢穴所謂批亢擣虛也太原下擴廓不戰自潰矣擴廓聞達兵向太原果還軍來救銳甚達曰步兵來集輕與戰危道也鹵不解遠斥堠固營壘可掩而取會鹵豁鼻馬內應乃選精騎夜銜銜枚襲之擴廓大敗走甘肅山西悉平

邀擊

邀擊者邀諸途而擊之也敵之志前趨我之兵從旁出截彼不意彼必驚潰若是須擇地形險阻狹隘之處潛師密旅忽擊其中彼前者不能反兵救應後者不得整

旅迎戰雖有大衆不足恃也蓋敵進而我逆擊之恐其氣盛是用從旁阻其驕敵退而我尾擊之虞其有備是用從旁取其惰皆由別徑奇道疾趨而進以取勝焉

楚子爲庸浦之役故子囊師於棠以伐吳吳不出而返子囊以爲吳兵不能而弗儆吳人自皋舟之隘要而擊之楚人不能相救吳人敗之獲楚公子宜穀

燕王垂圍苻丕於鄴晉遣劉牢之救之垂迎戰而敗遂撤圍北遁牢之引兵追之疾趨二百里至五橋津澤爭燕輜重垂邀擊大破之

張郃守漢川別督將軍下巴西欲徙其民於漢中進與張益德相距五十餘日益德率精兵萬餘人從他道邀郃軍交戰山道窄狹前後不得相救益德遂郃郃棄馬爬山而走

橫擊

橫衝陷陣之兵非將勇悍而士精銳不可也即將士精勇而非力戰亦不可蓋敵之陣勢雖整且堅而我之將士既勇且奮是以能橫擊於其中斷敵陣而爲二也敵陣既分前者有返復之虞後者無常合之勢我之正兵

復擊其前彼之救應不能相及未有不驚且走者此兵之奇也

王含攻石頭城帝出屯南塘禦之時諸軍皆集北中郎將劉遐蘇峻帥精兵萬人至帝夜見勞之次日諸軍與賊戰未決遐峻自南塘橫擊大破之

朱滔與回紇攻貝州李抱真王武俊救之距貝三十里而軍回紇見滔滔曰明日願駐馬高邱觀之爲大王翦武俊之騎使匹馬不返滔遂決意出戰武俊遣其兵馬使趙琳將五百騎伏於桑林抱真列方陣於

右武俊引騎兵居前鏁回紇趙琳中出橫擊之回紇滔軍皆敗走抱眞武俊合兵追之滔與數千人走還

東魏高歡侵魏魏將李弼等帥鐵騎橫擊之東魏兵中絕遂大破之

大抵橫擊之兵總是出人不意而得地利爲尤要敵兵未至先擇高而伏吾之正兵堅陣以待吾橫擊之兵適當敵陣之中兩軍旣交乘高急出無敵能當無陣不入矣

夾擊

兵家夾擊欲分其勢也彼勢既分其陣自弱禦前則後不支禦左則右不支無所不禦則無所能支所以勝也況彼之趨戰前陣方銳我之夾擊無處不銳受敵之處既多固備之勢不密以我之銳擊彼無備自應傾敗矣且一處既敗無處不驚即有一將力戰未有見勢去而不潰走者乘卒獵散合勢掩之覆之如反手耳此用衆之法

劉曜圍金墉石勒救之帥步騎四萬入洛陽命石虎以步卒攻曜中軍石堪以精騎擊其鋒勒躬貫甲冑

出閶闔門夾擊之曜昏醉墜馬爲堪所執

李全寇揚州趙范趙葵揮步騎夾擊浮橋弔橋並出三迭陣以待之自巳至未與賊大戰別遣虎等以馬步五百出賊背而葵帥輕兵橫擊之三道夾擊賊敗之

古來以夾擊而取勝者多惟曹友聞禦元於蜀分命諸將一擊其前軍一擊其中軍一擊其後軍內外兩軍皆殊死戰而竟以敗死是不度勢不度力也元之兵勢逾友聞何啻十倍分擊則愈弱弱不敵強理之

自然宜命諸將分部而伏同力致死夾擊其前前軍旣敗中軍後軍便自奪氣如此則蜀事尚可爲也友聞之見不及此而忠義矯矯可稱將臣之良

反擊

唐之太宗善兵者也常語羣臣曰朕每觀敵陣便知强弱常以吾弱當其强吾强當其弱彼乘吾弱追奔不過數百步吾乘彼弱必出其營後反擊之無不摧敗所以取勝多在於此及觀其破竇建德宗羅睺皆此法以傾其强而非弱之謂也蓋敵勢雖强志在前禦我出其後

彼所不虞因其不虞而擊之其神搖而氣自奪此必大軍在前而以精銳擊後以應之也敵既驚奔急乘此機疾趨而追使其謀慮不暇捍禦不及自得全勝矣

鄭人侵衛以報東門之役衛人以燕師伐鄭祭足原繁洩駕以三軍軍其前使曼伯與子元潛軍軍其後燕人畏鄭三軍而不虞制人六月鄭二公子以制人敗燕君子曰不備不虞不可以師

秦王世民破宋金剛於介休也金剛以眾二萬出西門背城布陣南北七里李世勣與戰小却世民帥精

騎擊之出其陣後金剛大敗敬德等降其戰實建德於虎牢之東也按兵不出建德列陣自辰至午士卒饑倦皆坐列又爭飲水逡巡欲退世民命宇文士及將三百騎經建德陣西馳而南上建德陣動世民曰可擊矣大軍直薄其陣於是大戰世民帥史大奈程知節秦叔寶等卷旆而入出於陣後張唐旌幟建德將士見之大潰

梁師都與突厥合數十騎寇延州唐總管段德操初以兵少不敵堅壁不戰伺師都稍懈遣總管梁禮將

兵擊之戰方酣德操自以精騎掩擊其後師都軍潰

兵家交戰其陣始列朝氣方銳防閑禦敵總在前行至其後陣自謂無虞稍爾遲留晝氣必惰吾之正兵張旂鳴鼓大譟而進吾之奇兵卷旂息鼓潛襲其後以之取勝勢所必然唐太宗之反擊卒精銳直貫其陣後又與別師不同

草廬經畧卷十一

譚瑩玉生覆校

草廬經畧卷十二之目

無名氏撰

首尾擊

首尾擊者建城立壘一在敵前則敵腹背受敵未有能善其後者其說與夾擊不同夾擊者臨陣合勢取勝一時首尾擊則令敵常分應矣敵應前而我擊其後敵應後而我擊其前我力常專敵力常分糧道難阻內援不通進退維谷所備皆急曠日延久情見勢詘因而制勝罔有不濟第敵後之師隘敵腹中易為敵陵必據險阻堅壁足糧餉將智而勇卒少而精敵斷不得而欺我方

可成功不然徒委偏師于難相救之處非計矣
韓遂馬超反徐晃謂曹操曰公盛兵於此而賊不復
別守蒲坂知其無謀也今假臣精兵渡蒲坂津為軍
先置柵以殲其裏賊可擒也操從之超遂兵力分操
以故得破超等
劉胡據濃湖上流與臺軍相拒久之將軍張興世曰
賊據上流兵強地勝我以騎兵數千潛出其上因險
而壁見利而動使其首尾周遑糧運阻塞此制賊之
奇也錢溪江岸最狹去大軍不遠下臨洄洑船必薄

岸叉有橫浦可以藏船千人守險萬人不能過衝要之地莫出於此沈攸之以爲然乃選軍士七千輕舸二百配之興世泝流上而復下如是累日劉笑曰我軍尚不敢越彼下取揚州興世何物人欲輕據我上不爲之備一旦四更風起興世舉帆直前過鵲尾劉胡乃遣兵追之興世遂前遣其將黃道標帥七千舸徑取錢溪立營柵明日引兵據之劉胡來戰敗走建安

王休仁以錢溪城未固命沈攸之攻濃湖以分其勢

則劉胡果欲更攻興世未至聞攸之來攻還兵自救興世城乃得立濃湖糧運不通屢戰不利遂遁

徐達常遇春等攻張士信之湖州僞丞相張士誠悉發境中兵爲援屯于舊館出我師之背常遇春統奇兵由大全港入結營東阡復出敵背且塡壍溝港絕其歸路敵衆大敗

夫遇春之於士信强弱不敵士信固不得而陵之也至若兵勢相當偏師入截其衷初至之際壘柵未固人心未定大軍亟宜頻頻挑戰綴敵相救然後腹裏

之師得以徐據形便堅立城壘高張兵勢敵來連攻以除返顧之患我必奮擊速救之庶可以自堅而敵勢自屈矣休仁與世眞良籌哉

擊後

擊後與反擊雖似而實異反擊者臨戰乃出其陣後反擊也擊後者謂置壘於前敵兵來拒我潛遣偏師從間道出敵之背或焚其輜重或火其積聚或敗其別旅或劫其後營或侵其粮運輜重焚則軍窮積聚火則軍饑別旅敗則失援後營劫則氣奪粮運侵則難支我正兵

乘而擊之可合莫支蓋敵既以大兵向我以為我不能越彼而使其內顧之慮其後兵萬萬不虞我至而懈弛無備所以必勝也此出入不意掩襲一時倏出倏入而非可以持久者又與首尾擊不侔

王猛伐燕燕將慕容評率大眾拒之猛遣將軍郭慶帥騎五千夜從間道出評後燒評輜重火見鄴中燕王暐懼

苻登將魏褐飛奔雷惡地率氐胡攻姚萇之李潤杏城萇潛以精兵一千六百赴之褐飛惡地有眾數萬

氐胡赴之首尾不絕見姚萇兵少悉眾攻之萇固壘不戰示之以弱潛遣騎出其後碣飛兵擾亂萇縱兵擊之斬碣飛及其將士萬餘級惡地請降

掩擊

掩擊者襲其無備也未備而掩之則其上下必驚士眾必亂是兵也潛如鬼神之無朕可窺疾如迅雷之不及疑目惟在乘其隙耳過險不戒吾掩之却陣未列吾掩之三軍方食吾掩之營柵未成吾掩之地利未得吾掩之師老疲倦吾掩之涉水半渡吾掩之人心怯弱吾掩

之士眾駭惑吾掩之恃勝而驕吾掩之謀慮未定吾掩
之上下攜貳吾掩之其眾方退吾掩之大寒大暑吾掩
之警守未嚴吾掩之孤軍無援吾掩之枵腹待哺吾掩
之遠來新至吾掩之將離士卒吾掩之其陣既亂吾掩
之有此數者疾邀而襲罔有不克如嚴備焉未可以得
志也

鄭子罕伐宋將鉏樂懼敗諸汋陂退舍於夫渠不儆
鄭人覆之敗諸汋陂獲將鉏樂懼宋恃勝也

吐番尚結贊入寇而歸李晟遣其將王佖將驍勇三

千伏於汧晟戒之曰虜過城下勿擊其首俟見五方旂虎豹衣乃其中軍也出其不意必大捷佖用其言尚結贊敗走

强敵在前勝負之間未可以旦夕決與之滋久其隙自開觀隙而速投之所謂善戰者立於不敗之地而不失敵之敗也

突擊

將謀用密攻敵欲速是以兵家貴突擊焉乘人不備邀選死士衝突而前其兵用少不用衆將必驍士必勇心

必一氣必銳力必蓄敵必近所謂近者敵至三十步外方始突之遠則敵旣見而有備我氣竭而難入勢如旋風疾若決機或突其前或突其脅有進無退使敵倉皇驚怖無所措手斯無堅不入無陣不亂矣

後魏王攻齊南陽太守房伯玉擊敗之魏王怒以南陽郡小志必滅之伯玉使虜士數人衣斑衣戴虎頭帽伏於竇下突入擊之魏王人馬皆驚召善射者射之乃免

金人侵襄漢趙范趙葵扈再興禦之官軍分爲二陣

范將左再興將右葵帥步騎左右策應金人背山亦分爲二以相當而不先動范曰金人必復謀夜戰以倖勝乃預備火鼓令軍中曰聞擂鼓聲始動若彼未至五十步內而輒動者斬未幾金人稍下山衝再興師果爲所乘遂逼范軍范擂鼓譟軍突鬬葵繼進殲金兵數千

鄧禹之破王匡也令軍中無妄動賊既至營方鼓而進

周訪之破杜曾也自行酒飲精銳勑不得妄動俟賊

至二十餘步乃鳴鼓而進而將士騰赴皆得勢險節短之意蓋敵人邀攻其氣竭敵至始鼓其氣盈以盈殲竭自應必勝是突擊之訣也

制突

敵以勇力冒死之士衝突而前志在必入我無以待之能保障之不亂乎必厚集其陣使我之勢既固而以強弩勁弓叢而迭射厚甲長戈奮死抵敵矢如蝟集刃若堵進嚴其督勵峻其刑誅隊伍微有開合足蹤微有退却者在所必戮士卒知不可犯是以寧死鬬毋動移所

謂撼山易撼岳家軍難也至結車連騎摠憑險阻令敵衝突萬不能施斯又在臨地制宜預爲之備

慕容恪擊冉閔於廉臺也分軍爲三部謂諸將曰閔性輕銳又自以衆少必致死於我我厚集中軍之陣以待之俟其合戰卿等從旁擊之無不克矣乃擇鮮卑善射者五千以鐵鎖聯其馬爲方陣而前閔乘千里馬左操雙刃矛右執句戟以擊燕兵斬首三百餘級望見大幢知其中軍直衝之燕兩軍從旁夾擊大破之閔潰圍走爲燕軍所執

魏將楊大眼將萬餘騎突韋叡軍大眼勇冠三軍所向皆靡叡結軍爲陣以强弩二千一時俱發洞甲穿中殺傷者衆矢貫大眼右臂而走

李光弼討史思明師次北邙欲使傅山陣是險阻也

吳玠富平之戰欲先憑土阜是據高也

敵之來突我若先知制之不難患在倉猝不虞遂至爲其所敗又必因我之師懈與勞怯與飢與地利之不利數者能防自無患矣

先擊强

兵之所以先擊强者蓋擊蛇擊首之說也擇堅强之處選銳以衝之奮勇以入之以我完力擊彼微瑕可以逞矣所謂瑕者或乘其驕或乘其懈或乘其亂或乘其勞有可投焉指麾三軍竭力致死期在必克深入其陣無不摧敗强者既摧餘自潰矣苟無瑕可乘又當觀變豈宜妄動

中潭之戰賊將安太清方陣而鬭李光弼因擊之及戰未決光弼召諸將曰彼强而可以破者亂也今以亂攻亂必無功因問賊何所最堅曰西北隅召郝廷

玉曰為我以麾下破之廷玉請五百騎與之三百復問其次曰東南隅召倫惟貞貞請騎三百與之二百光弼尾之諸軍奮死畢入大敗之

劉錡守順昌兀朮與諸步兵咸列城衆請先擊韓將軍錡曰擊韓雖退兀朮精兵十萬尚不可當法當先擊兀朮兀朮一動則餘無能為矣時方酷暑敵遠來疲敝錡故能破之光弼乘亂劉錡乘勞皆投其瑕也

先擊弱

兵有餘威奪人者謂其乘既勝之威而薄之則我有盡

掃之勢而彼有既虢之魄無弗勝矣其法在先攻其弱弱者既破強者可圖我得勝而氣壯彼孤立而失勢然必審敵鋒之堅脆將帥之能否士卒之勇怯紀律之治亂如敵強鋒銳將強士勇而我又先攻其弱無損其強而我之戰力已疲矣其能勝乎

桓王既奪鄭伯政鄭伯不朝秋王以諸侯伐鄭鄭伯禦之王為中軍虢公林父為右軍蔡人衛人屬焉周公黑肩將左軍陳人屬焉鄭子元請為左拒以當蔡人衛人為右拒以當陳人曰陳亂民莫有鬬心若先

犯之必奔王卒顧之必亂蔡衛不支固將先奔既而
萃于王卒可以集事從之曼伯爲右拒祭仲足爲左
拒原繁高渠彌以中軍奉公爲魚麗之陳先偏後伍
伍承彌縫戰於繻葛命二拒曰旝動而鼓蔡衛陳皆
奔王卒亂鄭師合以攻之王卒大敗
楚子伐隨隨侯禦之望楚師季梁曰楚人尚左君必
左無與王遇且攻其右右無良焉必敗衆乃攜矣少
師曰不當王非敵也弗從而敗
夫鄭人之勝在先擊弱隨人之敗病在不先弱而先

强皆足爲後事之鑑先擊强者謂强破弱自潰先擊弱者謂弱敗則强自孤因勢而動無容執一也

用弩

弩者國家之勁兵四夷所畏服也弩所叢射之處無對立之兵無橫亘之陣爭山奪險守壘制突非弩不可邀射則前後不能顧伏射則左右莫可支吾以衆弩而共射一人則元戎立斃鋒前乘高守隘萬弩蹶張百步之內射無不中蓋地險則敵無所避而處高則弩尤便用也射之之法當爲三迭前發弩人次進弩人再次張弩

人更進更發則矢不絕而賊不得衝箭鏃傅毒及膚必死敵雖精銳無能當也弩有强有弱弱者小弩臨敵對陣可以爲往來之遊弩不惟易發易張且能使敵不見伺隙而發發俱命中守險制突非强弩不可牀子弩尤極强者大抵弛張倏忽敵至則矢不及發故必有憑而後可恃以無恐憑山憑城憑險憑車用强之訣不可不知

何無忌禦徐道覆於豫章賊令强弩數百登山邀射風暴急以大艦逼之眾遂奔潰無忌厲聲曰取我蘇

武節來遂握節而死此以邀射勝也
魏公操兵至漢水趙雲引兵覘賊值操揚兵大出追雲至營下雲更大開門偃旂息鼓魏兵疑有伏引還雲擂鼓震天惟以勁弩射於後魏兵驚潰此以弩守壘也
韋叡之於楊大眼是以制突也
吳玠駐隊射是以迭射也
孫臏射龐涓武侯射張郃是伏弩也
虞詡守武都羌人攻之詡令軍中引强弩不發而潛

發小弩羌以為矢力弱不能至幷兵急攻詡令二千張弩共射一人此近則必中之說也

夫兵器惟弩易習造固宜人工其技也分別賞罰試其工拙教習數月穿楊貫蝨人人善弩則人人皆兵又可勝乎

備邊

備邊之策堅城壘浚溝塹扼險要謹斥堠廣偵探多間諜選將帥練士卒積粮餉明賞罰精器械示恩信開屯田搜乘蠹禁啟釁茲十餘策從古論邊者所不廢也今

世間者則鄙爲常談而非奇策究竟誰能拔常談而行使無遺鈌耶卽孫吳再作非此數者不能備邊而遴將帥爲尤急將能則舉行無遺而邊患息矣天下不患有難爲之事而患無了事之人不患無了事之人而患無曉事之人平居而知某也當爲某也當急爲灼然洞晰其利害得失伸縮之妙則任事而可更與振憜補弊起廢隱然萬里長城矣

司馬師時羣臣各獻征吳之策詔以問尙書傅嘏嘏曰吳爲寇六十年未易得志惟有擇地居險奪其肥

壤一也兵出民表寇鈔不犯二也招懷近路降附日
至三也威信遠播間諜不來四也賊退其守細作易
至五也坐食積穀士不運輸六也釁隙時聞討襲速
決七也凡此七者軍事之急務也不進據則賊擅便
資據之則利歸於國不可不察也
祖逖鎮雍丘與將士同甘苦約已務施勸課農桑撫
納新附雖疎賤者皆結以恩禮河上諸塢先有其子
仕後趙者皆聽兩屬塢主皆感恩後趙有異謀輒密
以告由是多所克獲

魏人侵宋北邊何承天陳備邊之策凡四一曰移遠就近徙新附實內地二曰多築城邑以抗羣鹵三曰纂備牛車以載粮械參合句連以衞其衆四曰計丁課仗隨所便能各有素習因民所利邇而帥之則兵强而敵不戒國富而民不勞此與優游隊伍坐食粮廪者不可同年而語矣

傳嘏七策皆可以施之於邊惟奪其肥壤蠶食其疆以吳晉勢不兩立故也施之於華夷之界一似啟釁祖逖所行俱籌邊至計宜後趙疆土所以日蹙歟何

承天築城邑以抗羣鹵扼險要也纂備牛車以載粮械益富强也計丁課仗隨所便宜因其服習用土著也受國重任者須流覽今古參合羣謀因時而爲之去取斷然舉行無務因循何邊之不可安而功之不可立歟

禦戎

禦戎之法愼無僥倖野戰謂中國之馬力與馳射皆非彼敵也況以弱當强宜據險出奇不宜浪戰故張睢陽李光弼皆即其城下以破敵而思明再敗常恨其不得

與光弼野戰也善用兵者以所長擊所短不以所短擊所長宜以强弩勁弓乘城捍禦堅壁險阻伺隙出戰因敵變化慮勝而動不角長於易地不貪利以窮追易地之戰廣造戰車制其馳突使千乘萬乘雜以步騎彼進則合勢以遏其驕橫彼退則邀擊以遮其惰歸此守法也亦勝負也更練土人以佐官兵彼其生長邊陲其地熟諳其性耐寒其勇悍强鷙踰於客戍皆其風土使然且備晰彼情洞究虛實倘寬其徭役予以生業立之長卒撫之以恩使安居富樂無事耕牧則爲吾民寇至策

應以壯聲勢彼且欲完其家室欲固其生業其力戰自倍於官軍至於招攜懷遠之略則有可言者彼種落原自不一其性爭相雄長易合易離吾以恩信結之詭譎間之令其猜忌以彼攻彼中國之勢也彼進不得合勢以長驅退不得解嫌而安處吾始可以不勞力而制之大抵彼猶禽獸不足深校第宜邊之不來不必窮兵追討周伐玁狁至於太原㫬爲可師秦皇漢武外强內耗則殷鑒也其餘守法具在備邊篇

成祖文皇帝勅寧夏守臣寧陽侯陳懋曰瓦剌使者

言彼擬七月率衆至瀚難河俟冬襲阿魯台斯言未可信然吾邊境須有備大抵禦戎之道勿輕與戰俱堅壁淸野最上策也勅大同開平遼東皆如之

漢馬續守邊梁商移書曰良騎野合交鋒接矢決勝當時彼之所長中國之所短也强弩乘城堅營固守以待其衰中國之所長而彼之所短也宜先務所長以觀其變勿貪小功以亂大謀

隋使奉車都尉長孫晟送公主入突厥可汗愛其善射留之竟歲因察其山川形勢部衆强弱靡不知之

因上書曰玷厥之于攝圖兵強而位下外名相屬內隙已彰鼓動其情必將自戰又處羅喉者攝圖之弟姦多勢弱曲如衆心國人愛之因爲攝圖所忌其心殊不自安阿波首鼠介在其間頗畏攝圖受其牽率唯強是與未有定心今宜遠交而近攻離強而合弱通使玷厥說合阿波則攝圖回兵自防右地又引處羅遣連奚霫則攝圖分衆還備左方首尾猜嫌腹心離阻十數年後乘隙討之必可一舉而空其國矣隋主善之此以彼攻彼之說也而聖祖之諭則是守法

大抵中國備禦無時可弛牛羊布野須懷無事之冰兢皁纛連天乃獲槍攘之安樂終日凜凜恒如敵至怯防勇戰疊震天聲斯爲得之

平蠻

蠻人兵力固強敵亦無遠志即稱兵犯順僅亦流毒附近邊疆肆爲抄掠廣其境土耳緣土官大率襲先業飽富貴遠慕則離巢亦遠以兵襲之遠大未得而根本先傾進退失據自取滅亡故雖有跳梁之圖亦止作守戶之犬惟恃毒弩長標憑山依險出沒爲寇叛服不常而

所以致之使叛者復緣不善馭之也非有以長其桀驁
則有以令其危疑用是蠢動諸巢轉相煽惑惟有廣恩
信以示招徠勵威武以張撻伐順者撫之逆者誅之俾
善惡分別勸懲普著麾兵進勦須得其路徑窮其巢穴
防其伏兵招其諸屯散其黨與懸岸狹谷線路縈迴兵
難整列守前截後邀擊旁擊俾彼欲守則所處皋險而
地不利欲戰則置身似束而勢不敵夫天陷天獄非兵
之地南蠻之中觸處皆是險阨陡絕彼必據守宜用奇
計無與力爭恐傷士伍毋嗜殺以堅其守志毋輕信以

隨其詭計毋延緩以坐困瘴疫惟且誅且撫威恩顯行設奇用智毋以蠻輕之使既畏且悅是平蠻之上策也諸葛芳軌寧非後人之所當法耶

前五代宋時三峽獠蠻寇為抄暴故分荆益四郡立府於白帝城以鎮之又以孫謙爲巴東建平太守謙曰蠻夷不賓蓋待之失節耳何煩兵役以糜國費遂不受兵至郡開布恩信獠蠻翕然懷之此用撫也

韓襄毅討大藤峽以兵十六萬人分五路入覆其巢穴穴有崖名九層樓尤爲險絕直抵其上斬峽藤斷

之名爲斷藤峽以志武功此用誅者也
唐元宗時李宓擊南詔閤羅鳳誘之深入至太和城
堅壁不戰宓糧盡士卒瘴疫十死七八乃引還蠻追
擊之全軍皆沒此延緩以坐困瘴疫者也
宋藝祖之時秦再雄武健有奇畧各蠻黨畏服藝祖
推爲辰州刺史使自辟吏予以租賦再雄至州日訓
士卒得三千人皆能披甲渡水歷山飛塹如猿猱又
遣親校二十八分使諸蠻傳朝廷恩柔意莫不從風
而靡此且誅且撫威恩顯行者也

宋徽宗時晏州夷酋卜漏等因上元張燈率夷人襲破梅嶺砦四出摽掠梓州轉運使趙遹討之漏據輪縛大囤其上崛起數百仞林箐深密諸村囤夷爲遹敗潰者悉赴之乃壘石樹栅以守遹軍不能進巡檢种友直所部多土丁習山險而山多猱遹遣土丁捕之伐去蒙密緣崖石挽藤葛而上得猱數十頭爰束蔴作炬灌以膏蠟縛於猱背暮夜復遣土丁負繩梯登崖嶺乃縋引下人人銜枚挈猱蟻附而上比雞鳴友直等悉力擁刀斧穿箐入及賊栅出火燃炬猱熱

狂跳賊廬舍皆茅竹猱竄其上火輒發賊呼號奔撲猱益驚火益熾官軍鼓譟破栅賊擾亂不寧抗斬數千人生擒卜漏晏州平拓地千里遂為建城砦晝疆畝募人耕種且習戰守號曰勝兵此用奇以奪險者也

禦倭

禦倭之法與其阻水列陣禦之陸地不若禦之水上與其禦之內洋不若出洋遠哨禦之外洋且以水戰非其所長能據其險阨彼遷延海島不得越而出入而掠水

盡糧絕危可立候也矧倭跨海爲寇勢不能久舟小卒寡惟以抄獲爲資我用高艦巨舟加以萬衆則以大勝小以衆勝寡此戚繼光俞大猷所屢試而屢效嘗言之者又令沿海之地有警之處堅壁清野寇若登陸前無可仰之積後無轉運之資勢必饑餒我以兵綴之不輕與戰不旬日而可坐困所可患者浙省閩廣齊遼之區延袤數省皆與寇鄰大海之中風伯爲政寇至倉卒非可恃援他處惟有申飭沿海城堡風候之期時時警守時時偵望各處土兵時時操練雖寇來無定處而風汛

有定期期至而愼猶易也倘或疏虞不戒縱其據城得邑坐食我資急難搖動爲患必深矣

倭之患自古所無至國朝而始有太祖諭湯和曰日本小夷屢擾東海鄉年老强爲朕行視要地築堡戍以固守備和行築城海上起登萊抵浙江凡五十九城民四丁取一爲兵守之誠安邊禦倭之長策也

廣寧伯劉江鎭守遼東初至巡諸島相形勢請於金州衛金線島之西北望海堝築城堡立烟墩瞭望蓋其地特高可望諸島寇所必由爲海濱咽喉之地一

曰瞭者言東南夜舉火有光江計寇將至亟遣馬步官軍赴堝上小堡避之翌日二千餘人乘海船直過堝下登岸魚貫而行一賊貌甚醜惡揮兵率衆如入無人之境江令檄師秣馬署不為意以都指揮徐剛伏兵於山下百戶姜隆率將士潛焚賊船截其歸路乃與衆約曰旂舉砲鳴伏兵奮擊不用命者以軍法從事既而賊至堝下江披髮舉旂鳴砲伏兵盡起為兩翼而進賊衆大敗死者橫仆草莽餘衆奔櫻桃園空堡中我師進逼環而攻之將士皆奮勇請入堡勦

殺江不許故開兩壁以縱之仍分兩翼夾攻生擒數百斬首千餘有潛脫而走船者復爲隆所縛無一人得免者凱旋諸將曰明公見敵意思安閑惟飽士馬及臨陣披髮而戰追賊入堡不殺而縱之何也江曰窮寇遠來必饑且勞我以逸待勞以飽待饑固兵家治力之法賊始魚貫而來成蛇陣故作眞武狀以鎮服之雖愚士卒之耳目亦可借以壯其氣賊既入堡有死而已我師攻之彼必死鬭寧無傷乎故縱之生路而後掩擊之此兵家圍師必缺之意也

平羌

今日之羌非漢唐宋之羌也自正德中北虜亦不剌一種南據青海其地南鄰松潘北鄰甘肅則虜與羌爲一矣昔漢人西通三十六國以斷匈奴右臂故彼勢遂逆今彼據有定之巢穴而兼以富强之種落踰秦隴則可以窺關中出階文則可以伺劒外幸而未動是可不爲之豫籌哉當循國初舊制縻其爵賞啖以茶利推廣恩信使諸羌內附之心益堅計令北虜使還故土以杜羌虜合勢之禍至練兵選將修險積糧彈壓以威使懾不

敢動與諸備禦之法兵有常談所不待言者倘舍恩信而第議征誅羌急投鹵爲患滋大又不可不深慮也

後漢時西羌叛亂積年費用八十餘億白骨相望左馮翊梁竝恩信招誘羌灘漓狐奴等五萬餘戶皆詣請降隴右平復後羌又亂漢以种暠爲度遼將軍暠到營先宣恩信不服然後加討羌人質縣者悉遣還之誠心懷服信義分明於是羌皆順服乃去烽燧除候望方境晏然此皆恩信以馭羌者也羌人肉食大半無茶則生癰疽多病死而羌地非有茶者也高皇

帝乃立金牌之令歲遣使者給以金牌轉西蜀之茶以賜羌人以金牌投驗而徵其馬羌乃如數納馬如民間之納稅者焉尊卑最爲得體至今因之

平盜

凡爲盜者擄掠爲貧志在子女玉帛取快一朝非有決機制勝宏謨遠畧也小醜羣居爭相雄長勝不相讓敗各自救無同憂共惜之心也其中詿誤從邪亦非有伏節秉義者之不可誘也倘若不加矜惜不分首從一概殄戮絕其求生之路盜以免死爲急如吳越同舟遇風

其相救如左右手而其勢自固矣蔓延浸廣勢益加盛誰爲之咎乎故盜之難平以平盜者之失策也須多方引誘招勸並行離其腹心散其黨與俾自相猜忌自相妒害俟其瓦解勢孤力窮吾以大兵翦其負固誅其元兇如拾芥矣

順帝時荆州盜起彌年不定以李固爲刺史固到遣使勞問境內蠲除前釁與之更始於是賊帥自縛歸首固皆原之遣還相招半年間賊如數悉降及爲太山太守時盜屯聚歷年郡兵常千人追討不能制固

到悉罷遣歸農但留任職者百餘人以恩誘之未滿
歲賊皆弭服
交阯多珍寶前刺史多無清行故吏怨叛及賈琮爲
刺史到部遺書告示使各安資業招撫荒散蠲徭役
誅渠帥選良吏百姓以安此皆以恩信平盜者也
獻帝時賊梁興寇掠馮翊諸縣恐懼欲移就險阻馮
翊鄭渾曰興等破散藏匿山谷雖有隨者率脅從耳
今當廣開降路宣諭威信而擇險自守此示弱也乃
聚吏民治城郭爲守備募民逐賊得其財物婦女十

以七賞民民大悅皆願捕賊賊之失妻子者皆降渾責其得他婦女然後還之於是黨與離散又遣吏民有恩信者告諭之出者相繼與將徐衆聚鄜城渾討斬之餘黨悉平此招討並行者也

流賊劉六等橫行北方馬中錫欲效龔遂化渤海事招撫解散檄諸路劉六等經過與飲食若欲聽撫待以不死劉六等聞之所至不殺擄然且信且疑中錫至德州桑兒園駐兵劉六等來謁開城撫之劉六欲降劉七曰今內臣主國事馬公能自踐其言乎濟使

人至京師採諸中貴無招降意遂大肆劫掠衆至數萬中錫竟以是獲罪召邊兵入討始破之賊趨黃州三往來南京如入無人之境至通州狼山颶風效靈舟覆賊始盡殲此絕其生路而勢亦盛者也

定亂

三軍之亂也而欲定之不誅無以懲後悉誅之適以滋亂宜先之隱忍藏之祕密處之鎮靜謀之周悉發之疾速從容指麾元惡授首萬衆貼然斯爲善矣蓋亂之興也非一軍盡亂也緣一二跋扈者以計惑之以危恐之

以事激之是以偶誤相從轉相爲鼓譟我急投之漫應之無奇策以制其變不寬假以縱其降彼其心愈懼而謀益深黨未離而勢愈熾是猶抱薪救火必不戢之事也若其歸降請命不戮渠魁以警其餘而姑息以長惡不幾如五代之兵驕將縱以貽患於不可言乎

朱泚反時田希鑒附之泚授以節使守涇原及泚敗趨涇州鑒閉門拒之涇卒斬以降鑒上因授鑒爲涇原節度使李晟欲誅之而慮其握兵鑒遣使參候晟謂使者曰涇州逼近吐蕃萬一入寇州兵能獨禦乎

欲遣兵防援又未知田尚書意使歸以告希鑒果請援兵晟遣腹心將彭令英等戍涇州尋托巡邊詣涇希鑒出迎晟與之並轡而入道舊結歡鑒妻李氏以叔父事晟晟謂之田郎命具三日食曰巡撫事畢卽還鳳翔希鑒不疑晟伏甲而宴之旣飲彭令英引涇原諸將至堂晟曰與汝曹久別可各自言姓名於是得爲亂者石奇等三十餘人數其罪而斬之顧希鑒曰田郎亦不得無過引出縊殺之諭衆以誅希鑒之意皆股栗無敢動者

陝虢兵馬使達奚抱暉鴆殺節度使張勸代總軍務邀求旌節上謂李泌曰若蒲陝連衡則猝不可制而水陸之運皆絕矣不得不煩卿一往乃以泌爲都防禦使領水陸運使欲以神策軍送之泌請以單騎入之上許之泌見陝州將吏在長安者曰主上以陝虢饑故不授泌節而領運使欲令督江淮米以賑之今當使抱暉將行營有功則賜旌節矣抱暉稍自安泌與馬燧疾驅而前將佐不俟抱暉之命來迎泌笑曰吾事濟矣去城十五里抱暉亦出謁泌撫慰之抱暉

嵩泌視事賓有請屏人白事者曰易帥之際軍中煩言乃其常理泌到自妥貼矣不願聞也由是反仄者皆自安泌但索簿書治糧儲明日召抱暉謂之曰吾非愛汝而不誅恐自今危疑之地朝廷所命將帥皆不能入故匄汝餘生汝爲我齎版幣祭前使者愼毋入關自擇安便處潛來取家保無他也泌之辭行也上籍陝虢亂者七十五人授泌誅之泌奏已遣抱暉餘不足問上復遣中使必誅之泌不得已械兵馬使林滔等五人送京師抱暉遂亡命不知所之

嘉靖十二年大同軍亂殺總兵李瑾是時劉源清討之源清大張殺戮由是叛卒益懼郤永兵至亂軍迎敵永禦之不利諸卒鼓譟引寇入城指宣府以爲酬幾致不支帝納夏言議諭曰叛卒殺主帥法不可縱然特數人耳郤永源清貪功嗜殺妄傳屠城以致劫囚通寇今罪出二人於是以張瓚代卒登陴愬曰吾非殺主帥者畏死自保耳瓚令主事楚人諭用兵非朝廷意速獻首惡免死是夜卽斬倡亂者三十人首獻軍門瓚乃撫慰退兵二舍外將士以次上謁城中

大定而逮源淸郜永於獄

信乎定亂有術不可輕也夫駕馭無法非激之而甘心生變則縱之而肆意爲非若推誠撫養則將爲慈父豈子弟而忍叛其親用法無私則將爲嚴君豈士伍而敢背其主恩威並用斯亂自定耳

居功

立功難矣居功尤難蓋功蓋天下者不賞非明主之過將臣之罪也夫戰克之時敵人所憚國家所恃有猛虎在山之勢者而豈有自壞其萬里長城令敵人酗酒相

慶哉良有位極而驕勢重而肆無居功之道昧勇退之義遂使從前勛業爲誅屠菹醢之媒何如謙恭貶損推讓爲先以禮律身以忠事主杜門謝客拂袖言旋身名兩全之爲愈乎

越王句踐用范蠡之言卒滅吳報會稽之恥北渡兵於淮以臨齊晉號令中國以尊周室越以伯而范蠡稱上將軍還及反國蠡以大名之下難以久居乃乘輕舟浮五湖入齊變姓名自謂鴟夷子皮耕於海畔

張良佐漢高祖亡秦滅項功既成乃曰家世相韓韓

亡不愛萬金之資爲韓報仇强秦天下震動今以三寸舌爲帝者師封萬戶位列侯此布衣之極於良足矣願棄人間事從赤松子遊乃學辟穀道引之術此兩人者皆知機識遠用意明決故能以功名終而其高蹤芳躅今千載下談者猶有餘馨也若掖劍擊柱徑出不辭貪天之功以爲己力豈人臣之道哉明哲保身必不然矣

草廬經畧卷十二

譚瑩玉生覆校

右草廬經畧十二卷明無名氏撰按是書爲曾晃士廣文所藏鈔本未知撰者何人以書中有國初兩淮郡縣多爲張士誠所據高皇帝欲取之云云殆勝國人矣卷中各分子目其議論亦頗精審末各援古事以證之亦愼於持擇其署曰草廬無亦以諸葛自命者歟夫爲將運用存乎一心霍去病且謂顧方畧何如不至學孫吳古法後人僞撰將苑心書各種其爲贋鼎顯然易見前明如唐順之一代偉儒於學無所不窺大則天文樂律地理兵法小則弧矢句股壬奇禽乙刺鎗拳棍莫不精

心叩擊究極原委以資其經濟毅然自任天下之重倭人搆患志在捍牧圉以保鄉曲僇力行閒轉戰淮海積勞而殞周櫟園書影紀其佚事且貽千古笑端而況房琯劉秩之輩迂謬債轅者顧狄武襄良將材范文正且授以左氏春秋曰將不知古今匹夫勇耳武襄折節讀書悉通秦漢以來將帥兵法故卽紙上之談亦必閎攬百家靡不融會乃稱開濟之才庶不致以白面書生相誚耳昔茅元儀武備志成曾經明神宗乙夜之覽天語稱其該博卽以顏其堂此書視元儀所著詳畧迥殊而

目以該博亦洵無媿色爰付梓人俾談兵者各有所攷焉道光庚戌立秋後二日南海伍崇曜謹跋

國家圖書館出版品預行編目資料

草廬經略／（明）佚名著；李浴日選輯. -- 初版. --
新北市：華夏出版有限公司, 2022.05
面； 公分. -- (中國兵學大系；10)
ISBN 978-986-0799-44-6(平裝)
1.兵法 2.中國

592.09 110014488

中國兵學大系 010
草廬經略

著 作 （明）佚名
選 輯 李浴日
印 刷 百通科技股份有限公司
電話：02-86926066 傳真：02-86926016
出 版 華夏出版有限公司
220 新北市板橋區縣民大道 3 段 93 巷 30 弄 25 號 1 樓
電話：02-32343788 傳真：02-22234544
E-mail： pftwsdom@ms7.hinet.net
總 經 銷 貿騰發賣股份有限公司
新北市 235 中和區立德街 136 號 6 樓
電話：02-82275988 傳真：02-82275989
網址：www.namode.com
版 次 2022 年 5 月初版一刷
特 價 新臺幣 880 元 (缺頁或破損的書，請寄回更換)

ISBN-13：978-986-0799-44-6